シーボルト『フローラ・ヤポニカ』日本植物誌【新版】

FLORA JAPONICA
P.F.B. von SIEBOLD

シーボルト『フローラ・ヤポニカ』

日本植物誌

【新版】

木村陽二郎・大場秀章［解説］

八坂書房

目次

凡例

○本書の底本には、国立国会図書館所蔵の“Flora Japonica, sive, Plantae quas in Imperio Japonico collegit, descripsit, ex parte in ipsis locis pingendas curavit ……”の彩色図版集を用い、その中から保存状態のよい図版を中心に七七点を選んで、一頁大で掲載した（九～八五頁）。

○原書は全一五一図を収録するが、国会本は図版番号四三、六九、七〇、九一の四図を欠き、また図版番号三六、三九、四〇、四二、四六、四七、四九、五八、六〇、六四、六五、一二四・B、一三七には彩色が施されていないため、京都大学理学研究科所蔵本で補った。四分の一頁大で掲載した図版は、すべて京大本である（八六～一〇四頁）。

○各図版には、原本の図版番号と図中の主な植物の和名を記した。学名ほか詳細は、巻末の「『日本植物誌』に描かれた植物の目録」を参照されたい。

○原本の書誌については、大場秀章による解説「シーボルトの『日本植物誌』」（一三五頁）をご覧いただきたい。

○『日本植物誌』の原本は、本書に掲げた一五一点の植物図版、ラテン語による植物学的記載、フランス語による覚書ないしは付記といえる部分から成り立っている。このうち、フランス語の覚書と付記を翻訳したものは、『シーボルト「日本植物誌」本文覚書篇』として小社より刊行されている。よりいっそう理解を深めるために併読していただければ幸いである。

FLORA JAPONICA

SIVE

PLANTAE,

QUAS IN IMPERIO JAPONICO COLLEGIT, DESCRIPSIT,
EX PARTE IN IPSIS LOCIS PINGENDAS CURAVIT

Dr. PH. FR. DE SIEBOLD.

SECTIO PRIMA,

CONTINENS

PLANTAS ORNATUI VEL USUI INSERVIENTES.

DIGESSIT

Dr. J. G. ZUCCARINI.

MONIMENTUM IN MEMORIAM

ENGELBERTI KAEMPFERI ET CAROLI PETRI THUNBERGII

IN HORTO BOTANICO INSULAE

DEZIMA

CURA ET SUMTIBUS

PH. FR. DE SIEBOLD

POSITUM.

MDCCCXXVI.

前頁：『日本植物誌』巻１の扉

本書 149 頁 注（6）を参照

ILLICIUM religiosum.

1　シキミ　　マツブサ科

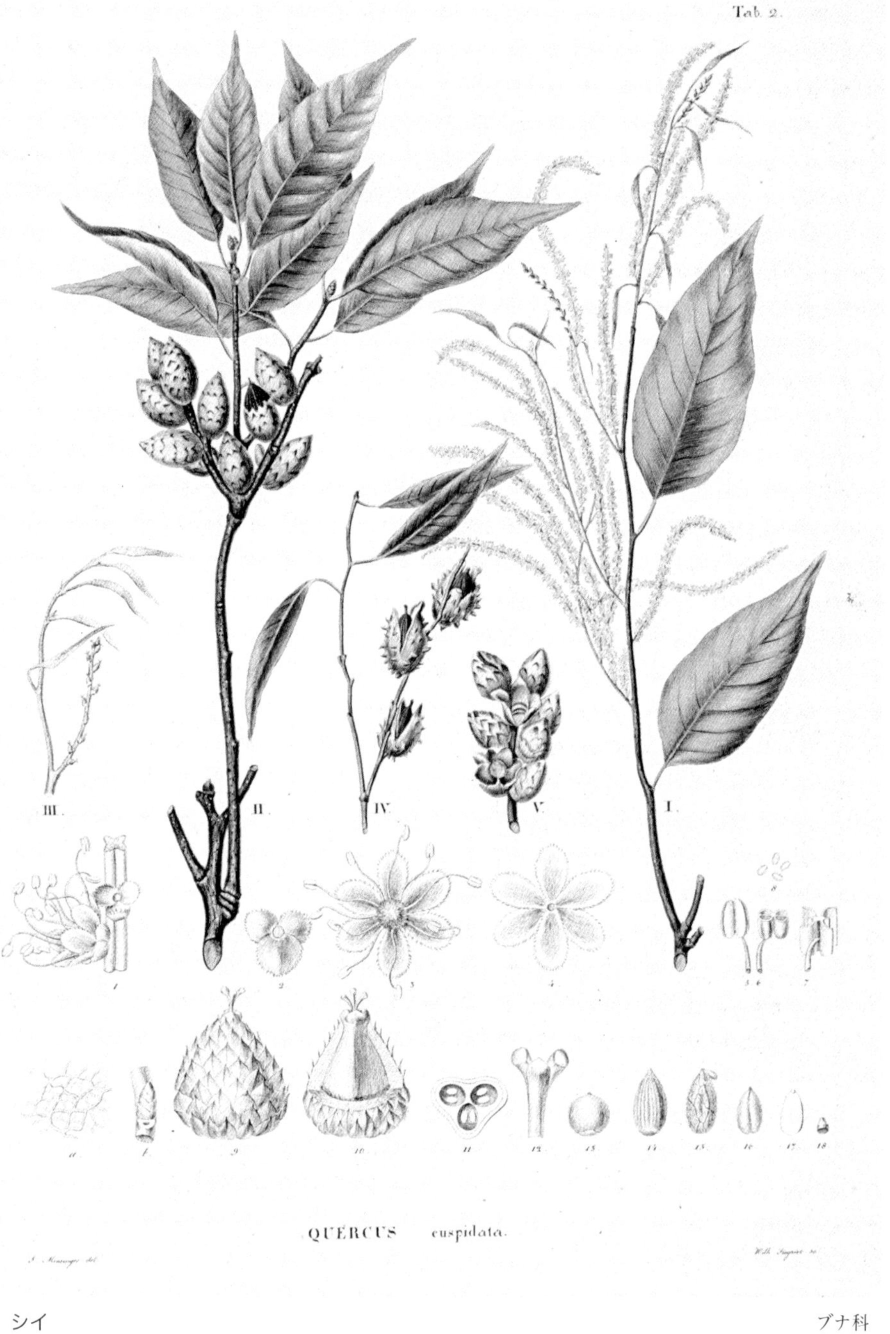
Tab. 2.
III.
II.
IV.
V.
I.
QUERCUS cuspidata.

2　シイ　　　ブナ科

Tab. 3.

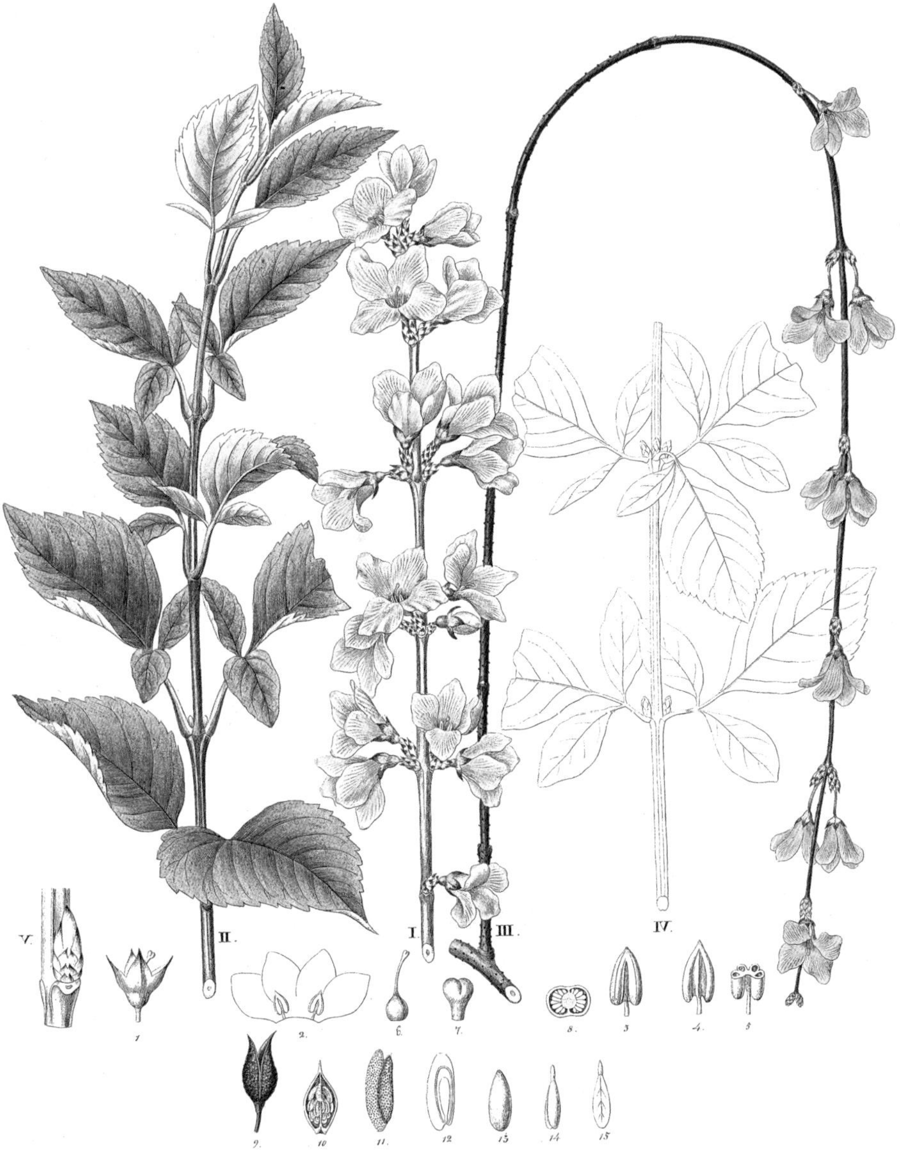

FORSYTHIA suspensa.

S. v Heusinger del.

W. Sigrist sc.

3　レンギョウ

モクセイ科

Tab. 4.

ANEMONE cernua.

4　オキナグサ　　キンポウゲ科

Tab. 5.

ANEMONE japonica.

J. Minsinger del.　　W. Siegrist sc.

5　シュウメイギク（キブネギク）　　キンポウゲ科

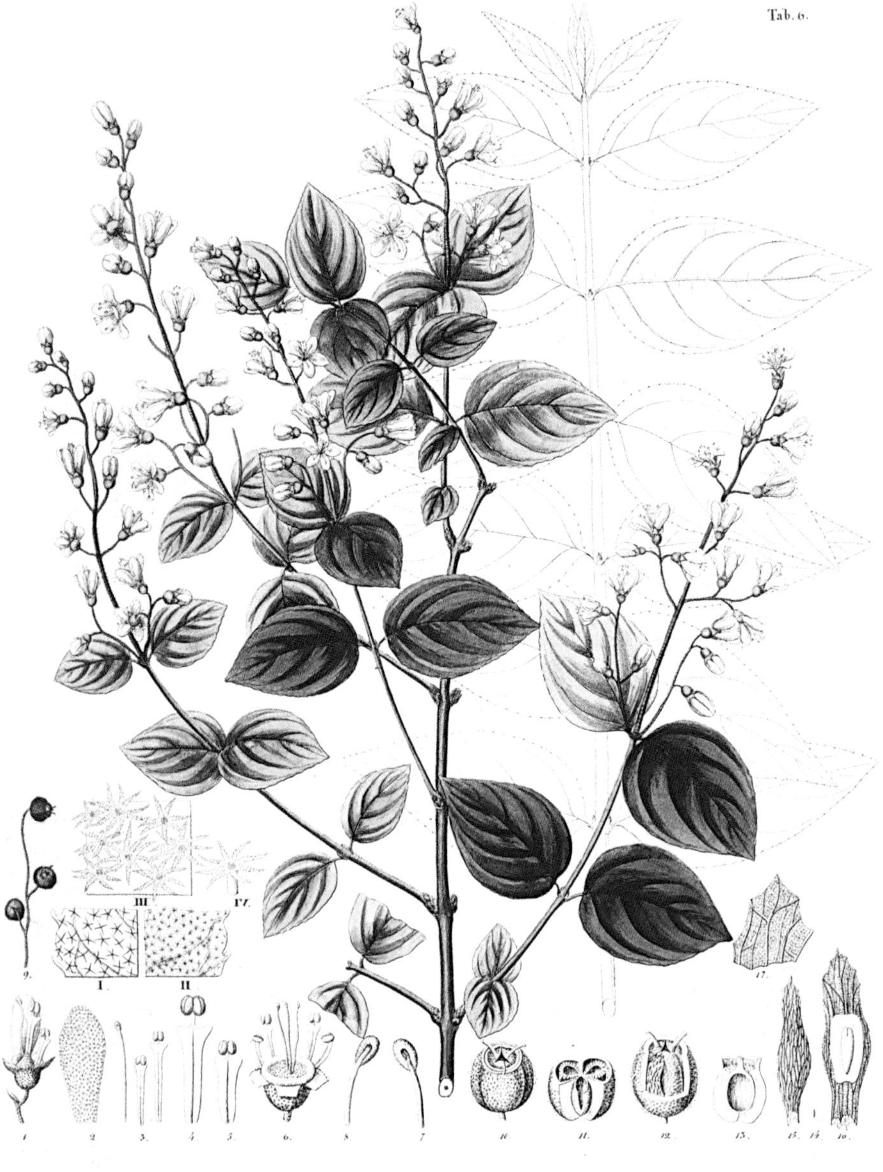

DEUTZIA crenata.

6　ウツギ　　アジサイ科

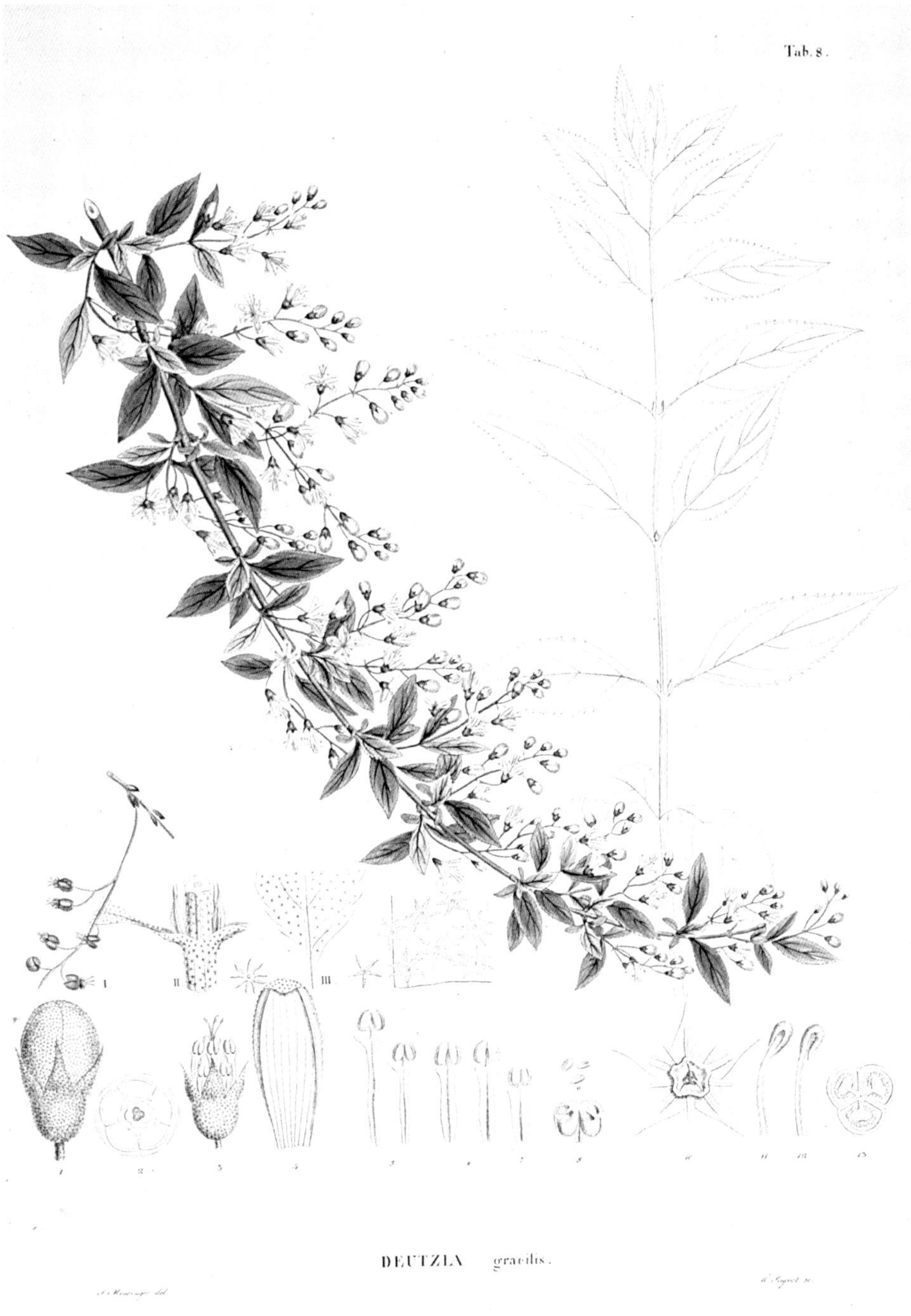

8　ヒメウツギ　　アジサイ科

Tab. 9.

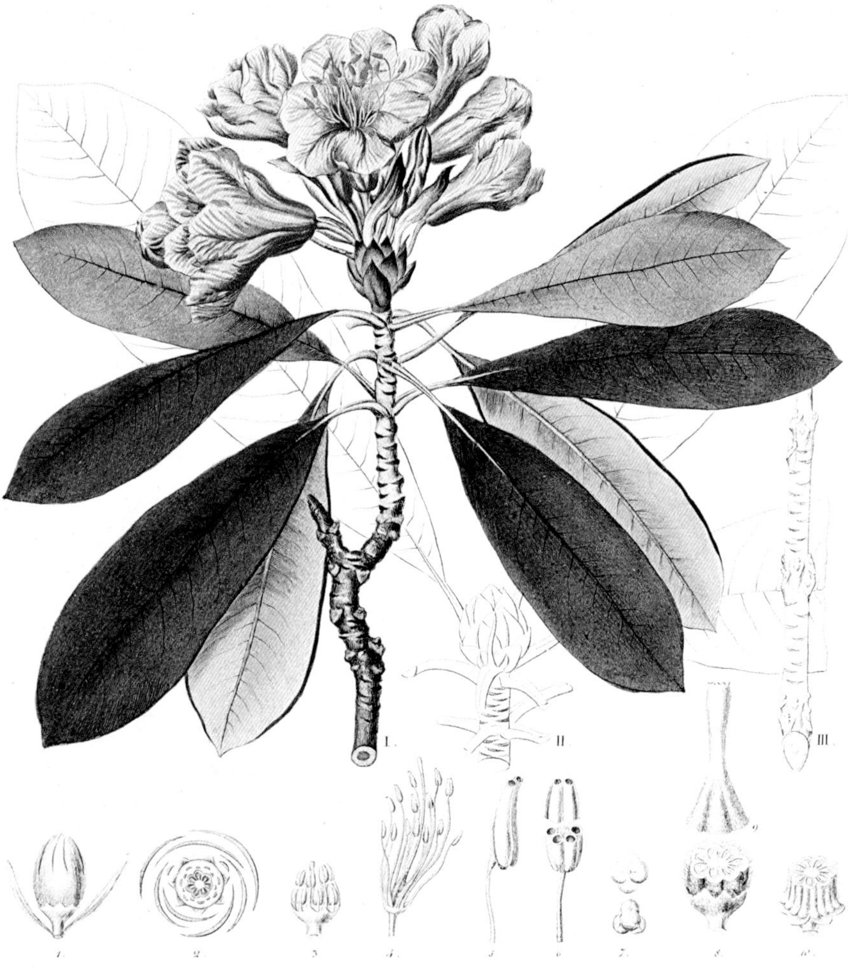

RHODODENDRON Metternichii

9　ツクシシャクナゲ　　ツツジ科

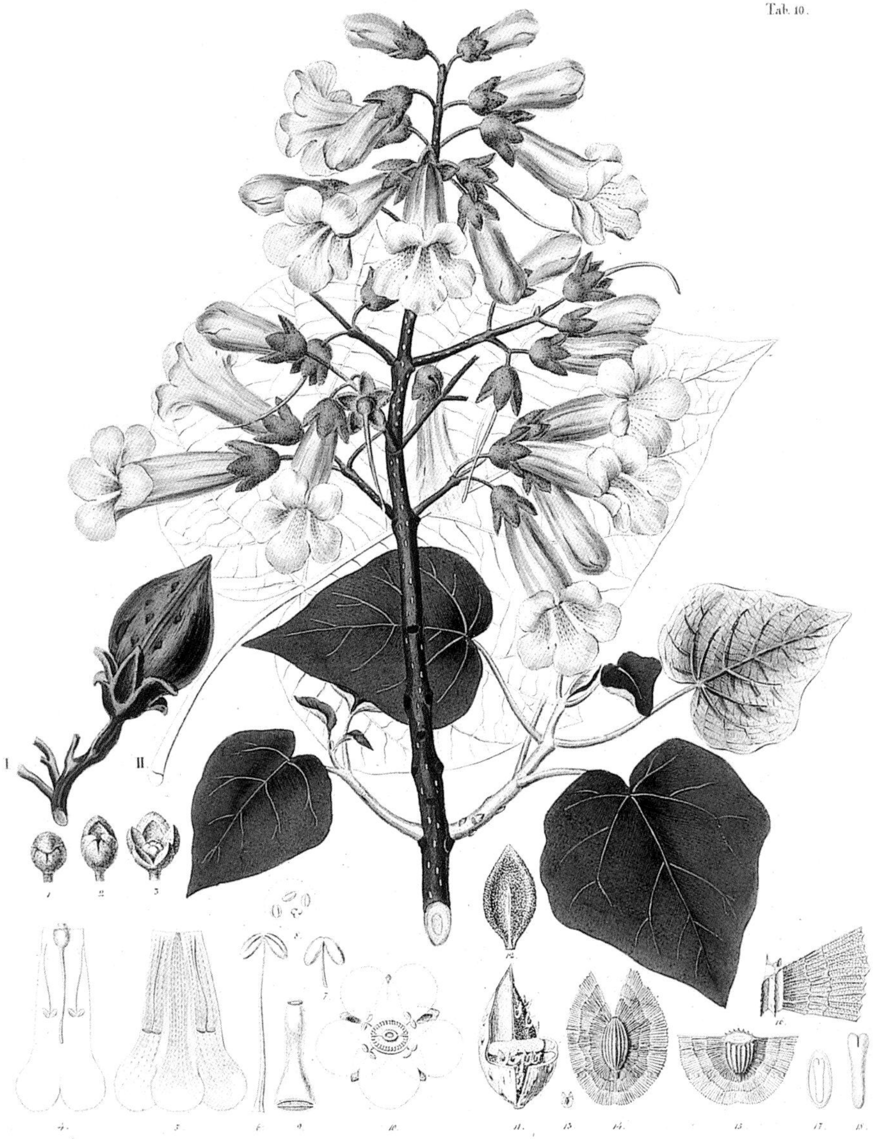

PAULOWNIA imperialis.

10　キリ　　　　キリ科

11　ウメ　　バラ科

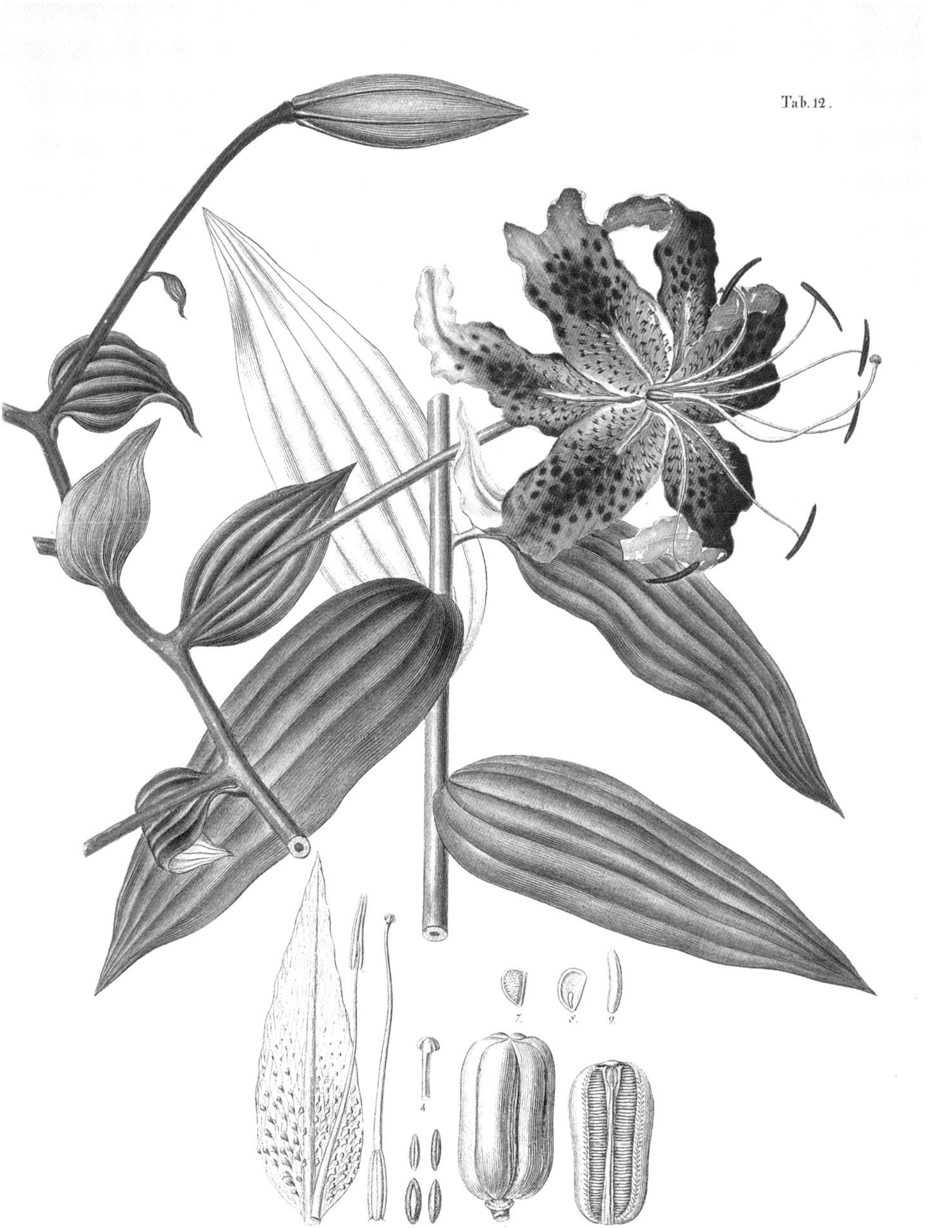

LILIUM speciosum

12　カノコユリ　ユリ科

13-I　シロカノコユリ、13-II　ウバユリ　　ユリ科

Tab. 14.

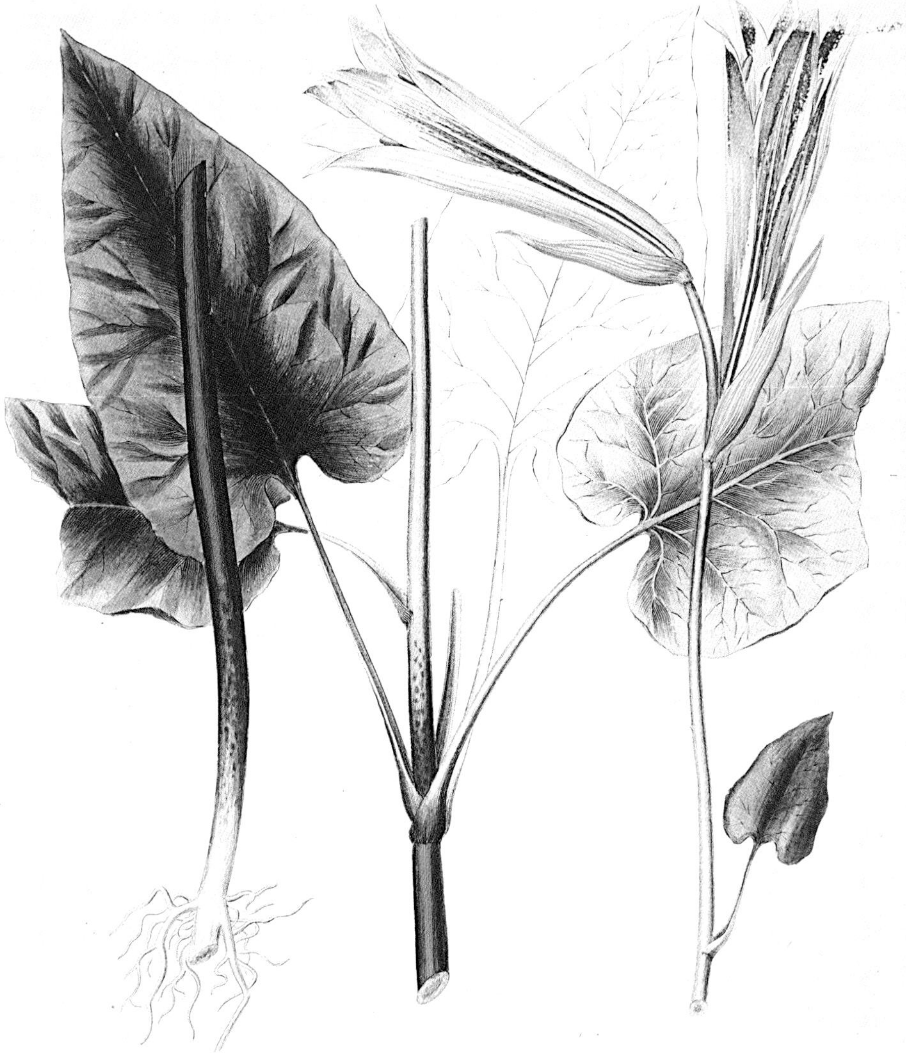

LILIUM cordifolium.

14　ウバユリ　　ユリ科

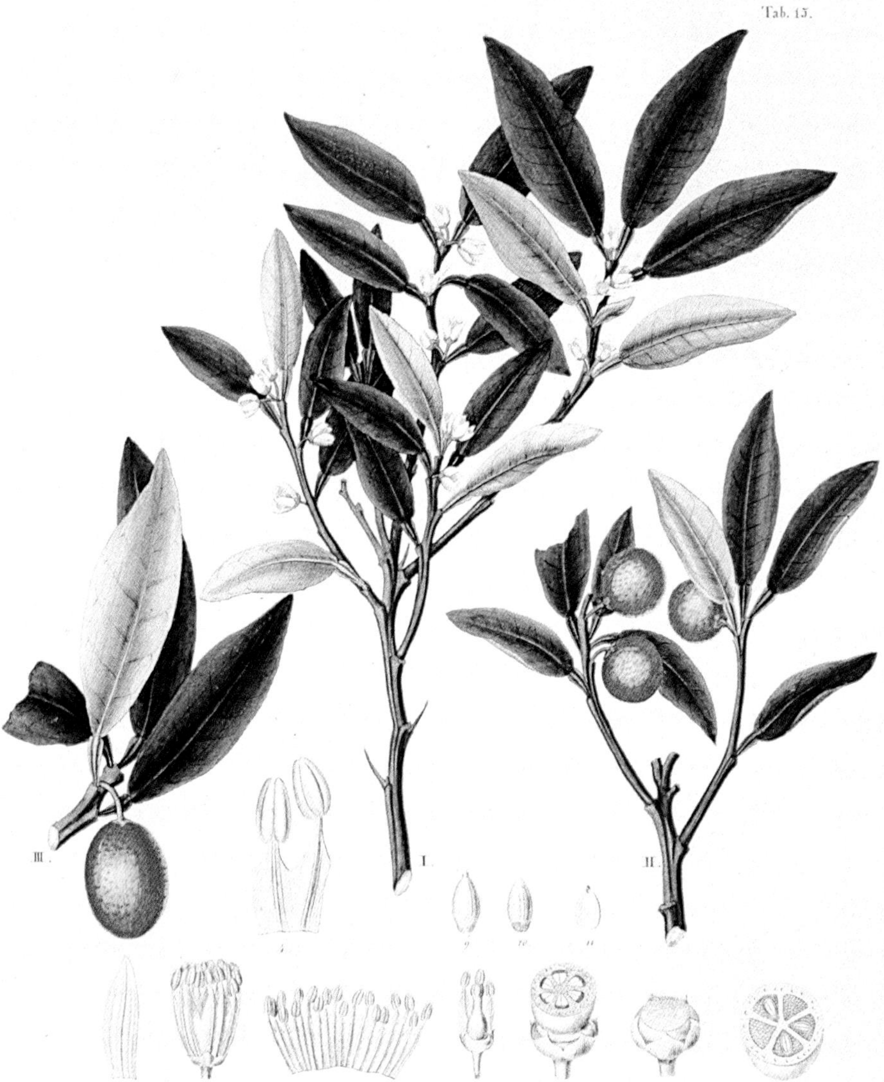
Tab. 15.
III.
I.
II.
CITRUS japonica.

15　キンカン　　ミカン科

Tab: 16.

BENTHAMIA japonica.

Popp. del

J. Nöstele sc.

16　ヤマボウシ

ミズキ科

Tab. 17.

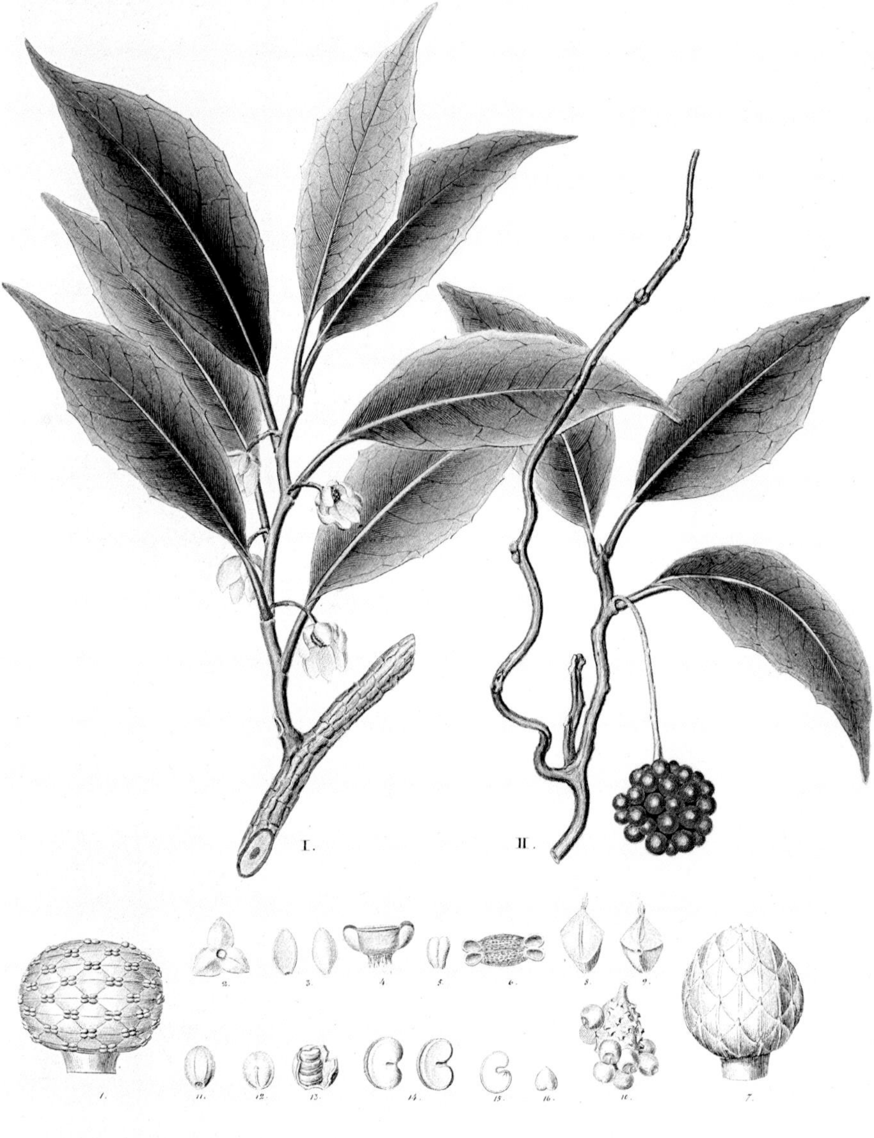

KADSURA japonica.

Pepp del.　　Siegrist sc.

17　サネカズラ　　マツブサ科

Tab. 18.

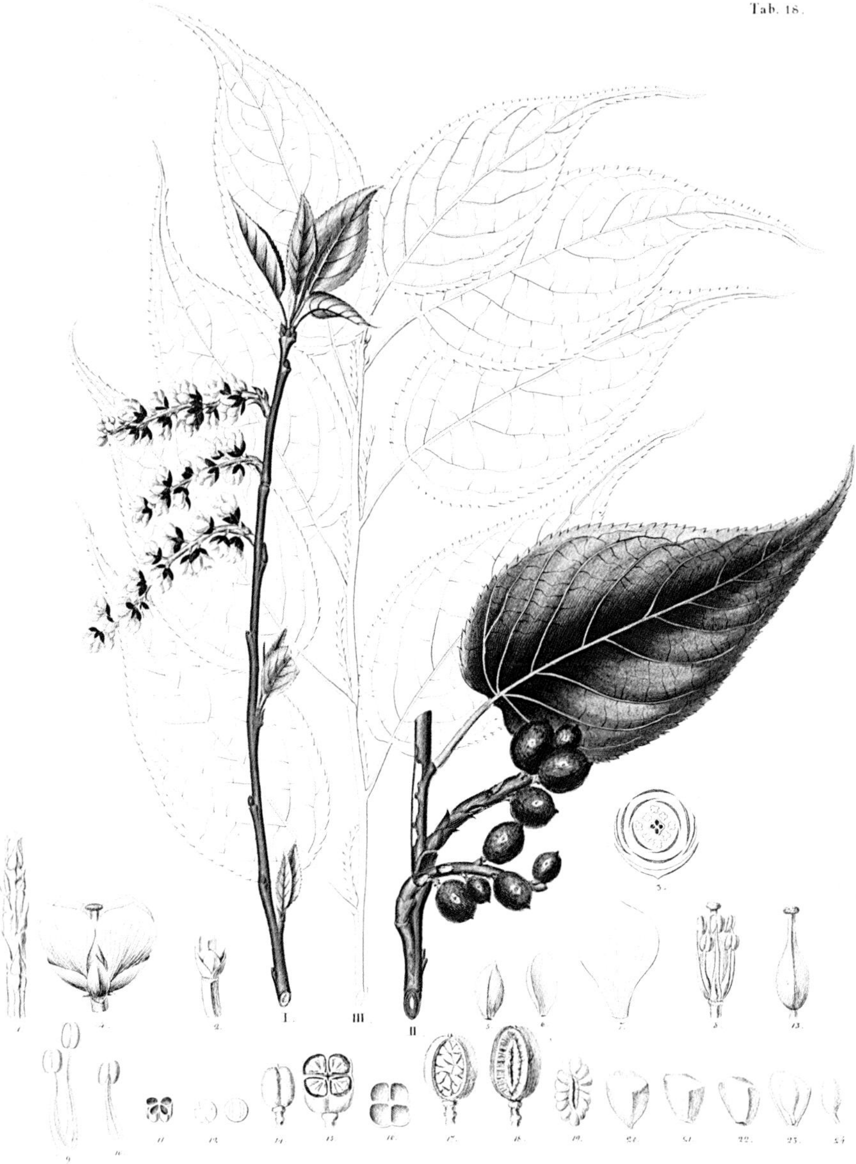

STACHYURUS praecox.

18　キブシ　　キブシ科

Tab.19.

CORYLOPSIS spicata.

Sepp del. Sugnet sc.

19 トサミズキ マンサク科

Tab: 22.

PRUNUS tomentosa.

de Villeneuve del.

22　ユスラウメ

バラ科

Tab. 23.

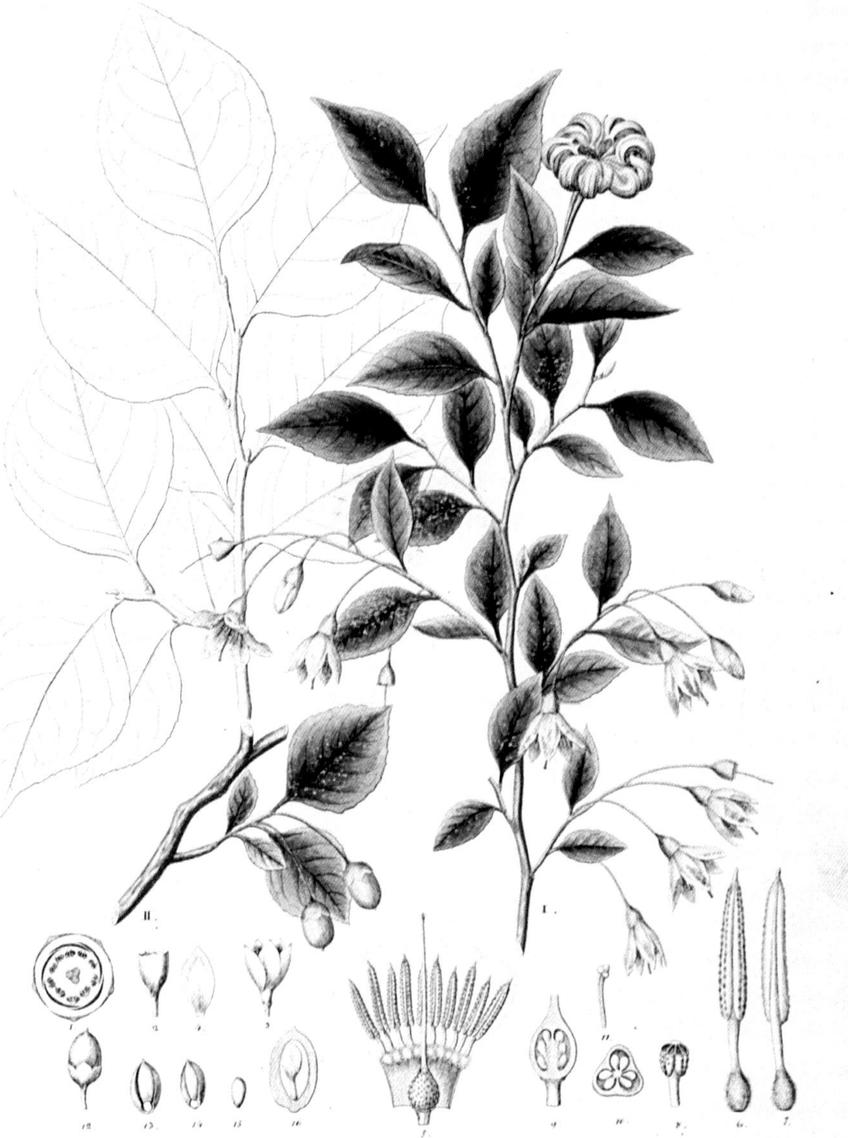

STYRAX japonicum.

23　エゴノキ

エゴノキ科

Tab. 26.

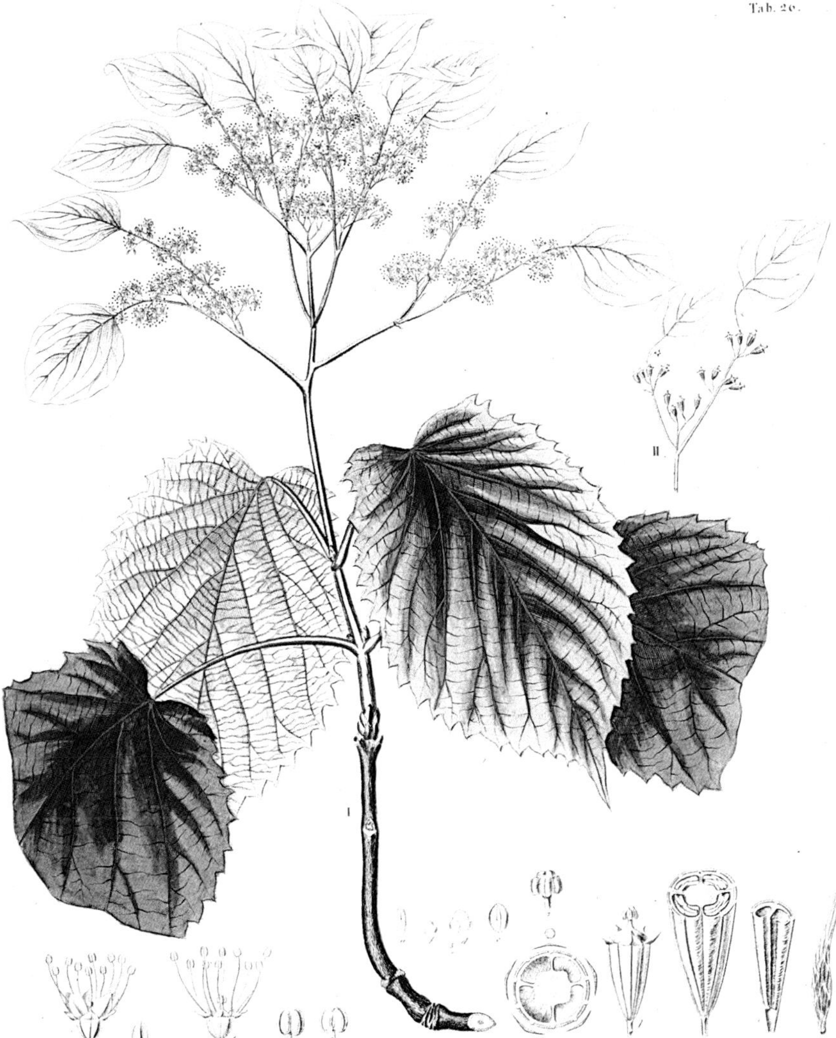

SCHIZOPHRAGMA hydrangeoides.

26　イワガラミ　　アジサイ科

Tab. 27.

PLATYCRATER arguta.

Wilh August sc.

27　バイカアマチャ　　アジサイ科

Tab. 28.

ROSA rugosa.

J. Minsinger del. Wilh. Siegrist sc.

28 ハマナシ バラ科

Tab. 29.

DIERVILLA hortensis.

J. Minsinger del. Wilh. Siegrist sc.

29　タニウツギ　スイカズラ科

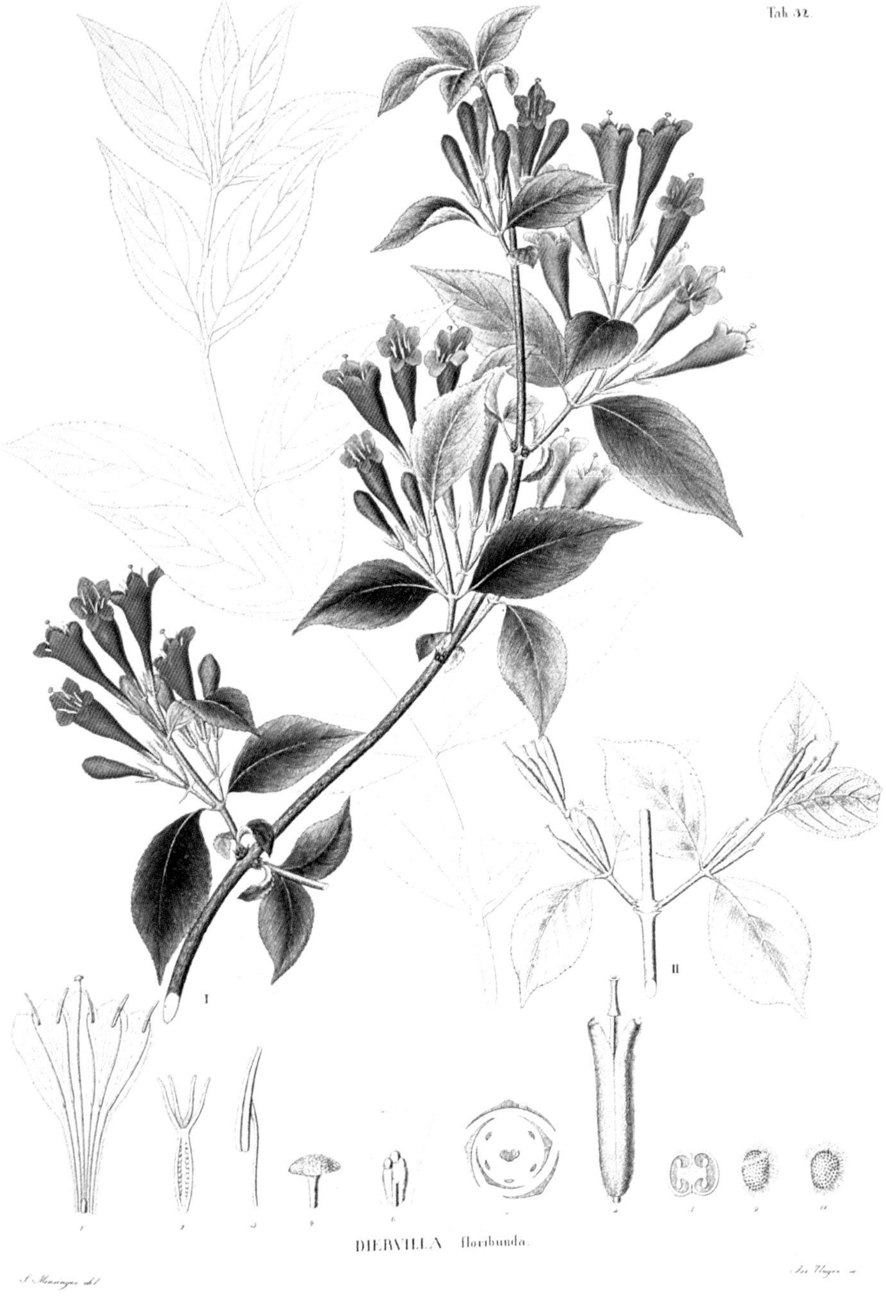

32　ヤブウツギ　　スイカズラ科

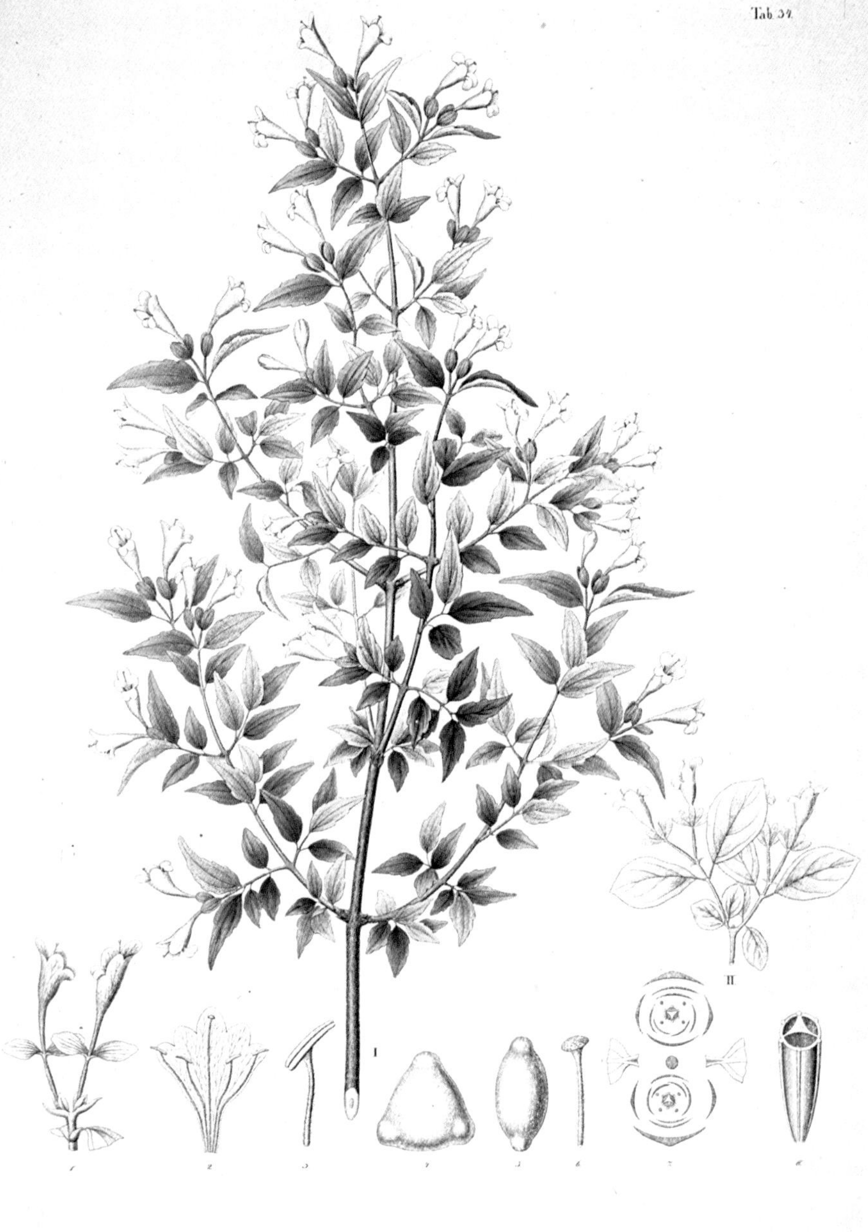

ABELIA serrata. II. A. spathulata.

S. Minsinger del.   Jos. Unger sc.

34　コツクバネウツギ

スイカズラ科

LIGULARIA Kaempferi.

35　ツワブキ

キク科

Tab. 37

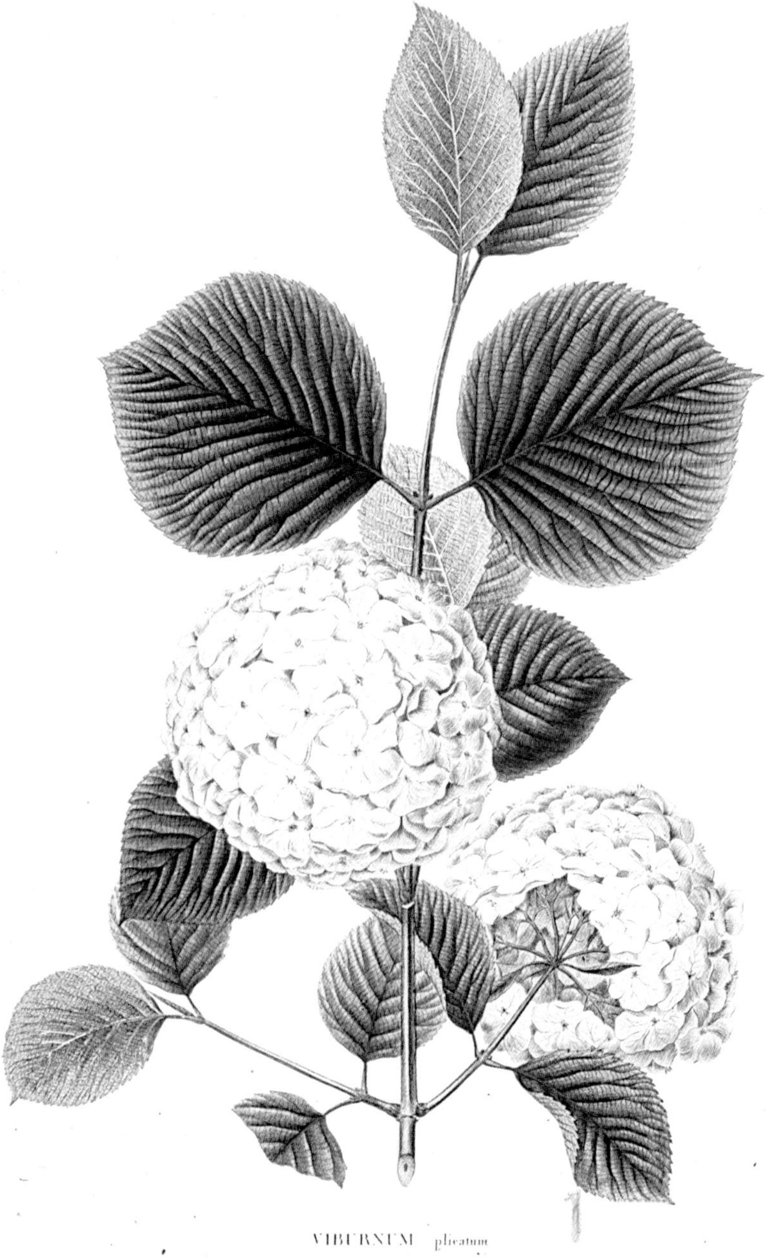

VIBURNUM plicatum

37　オオデマリ

スイカズラ科

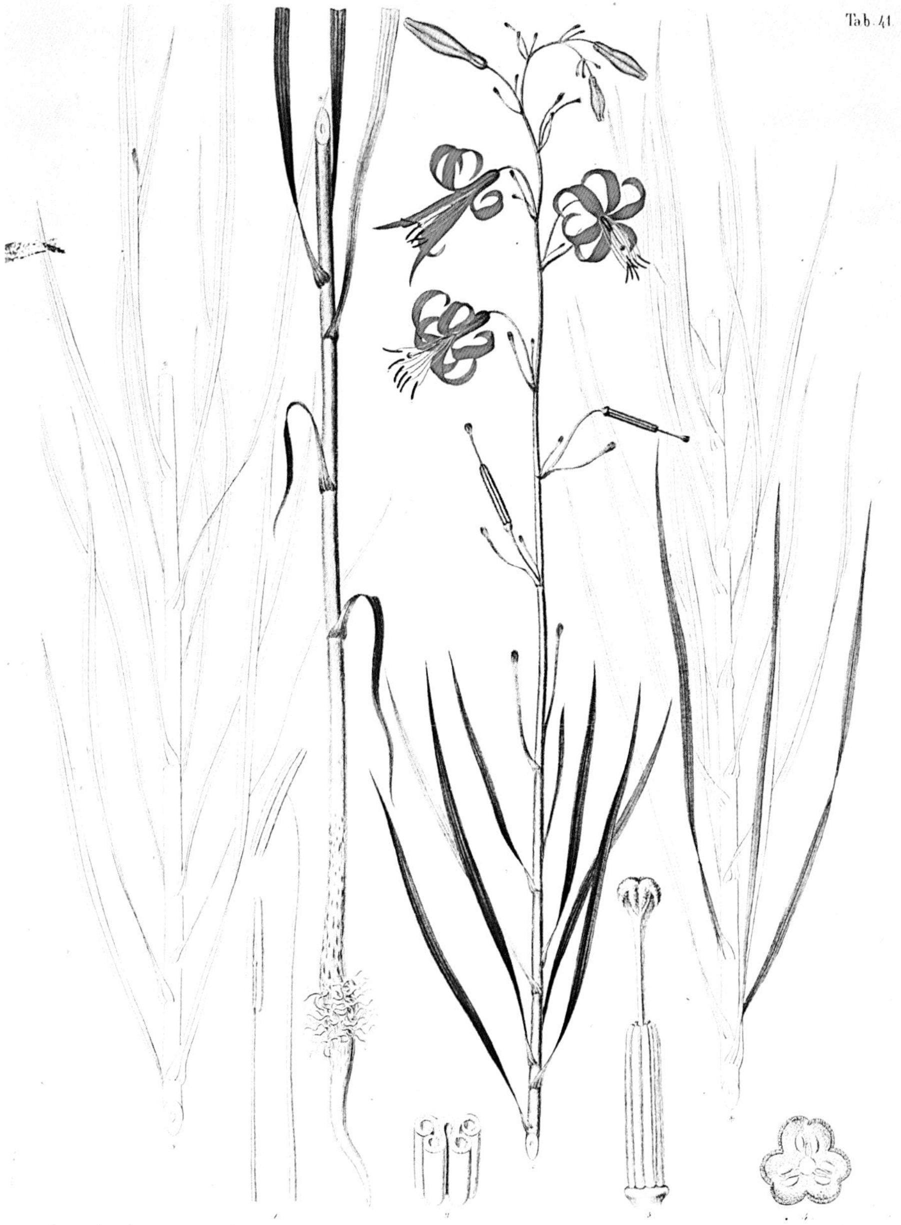

LILIUM callosum.

41　ノヒメユリ

ユリ科

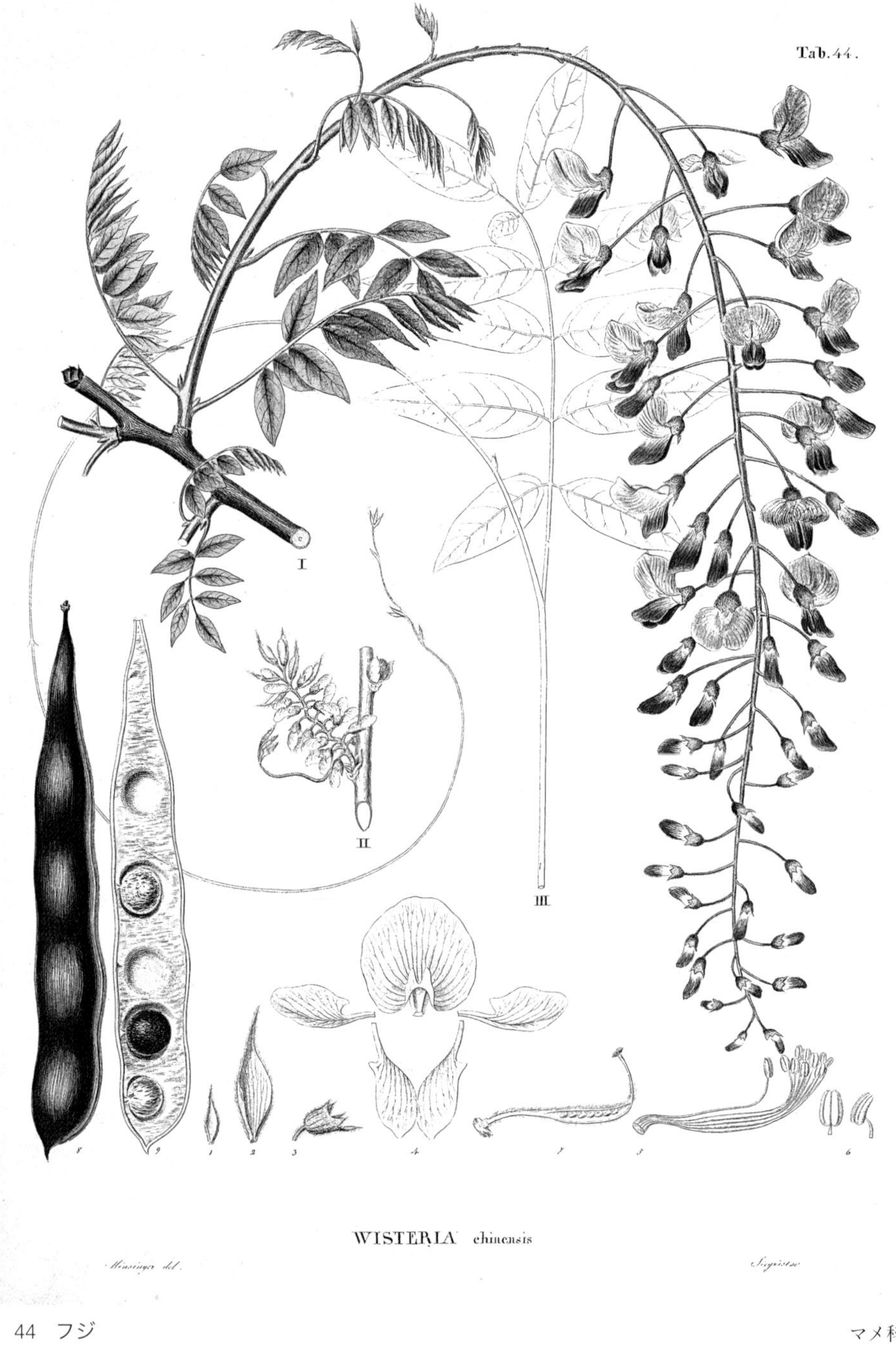
Tab.44.
I
II
III
WISTERIA chinensis

44　フジ

マメ科

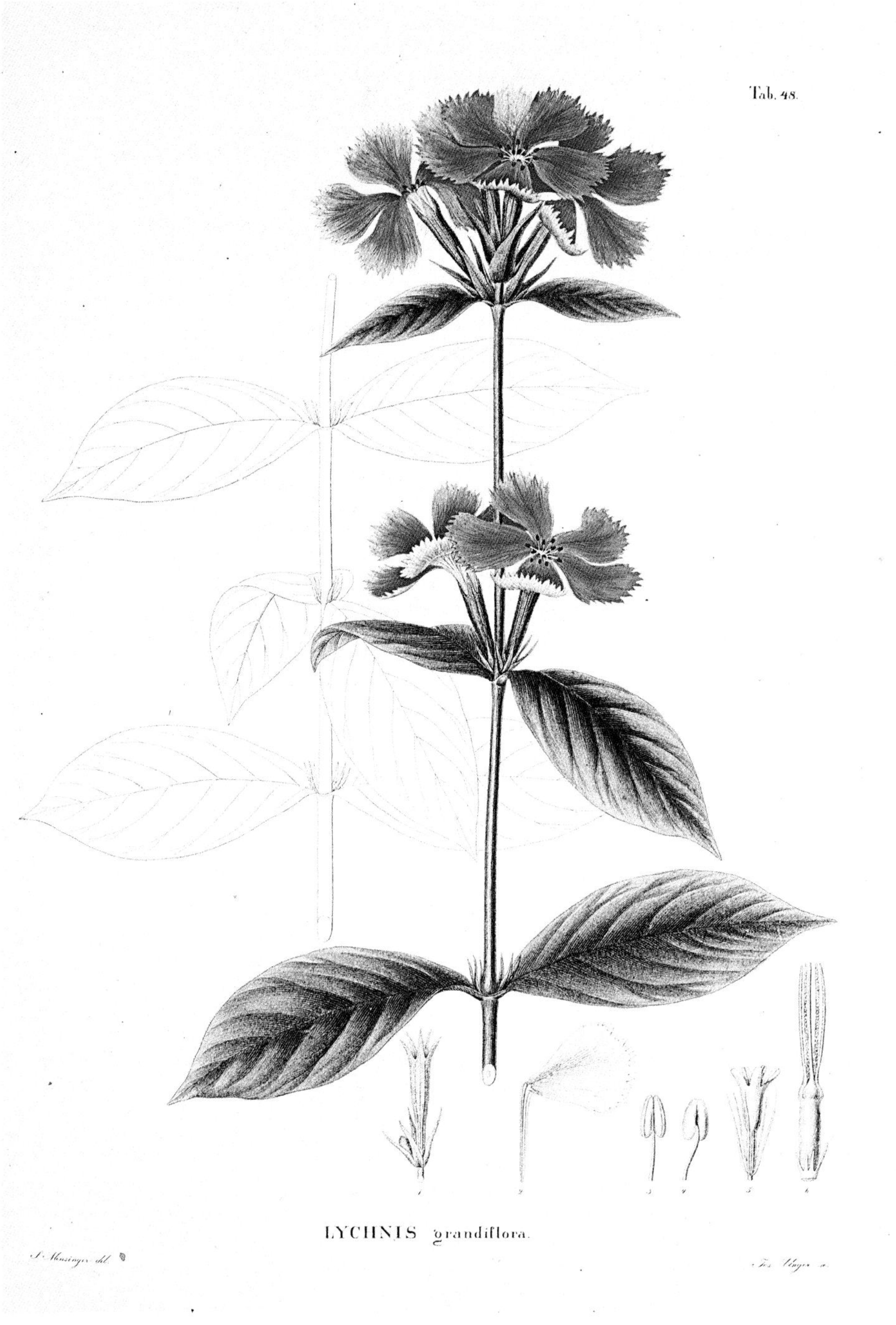
Tab. 48.
LYCHNIS grandiflora.

48　ガンピ　　ナデシコ科

50　サンシュユ　　ミズキ科

Tab. 51

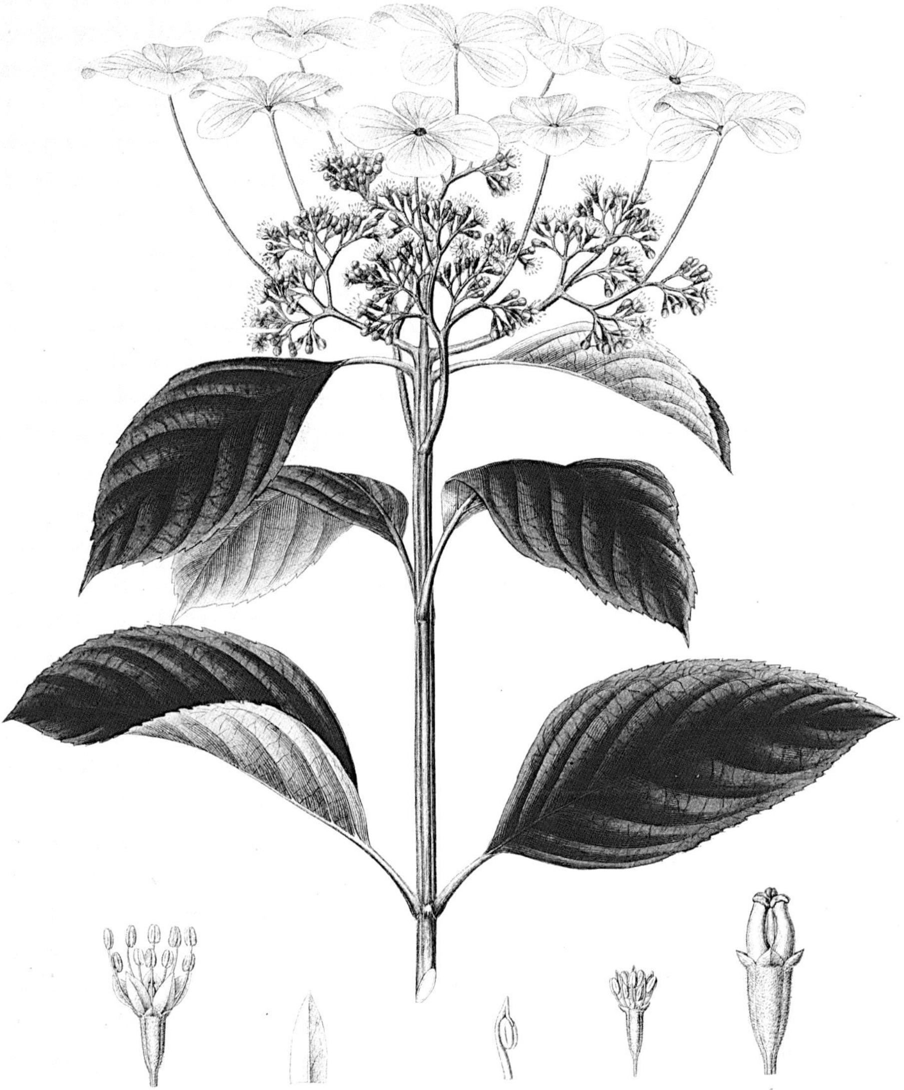

HYDRANGEA Azisai.

51　ガクアジサイ

アジサイ科

Tab. 52.

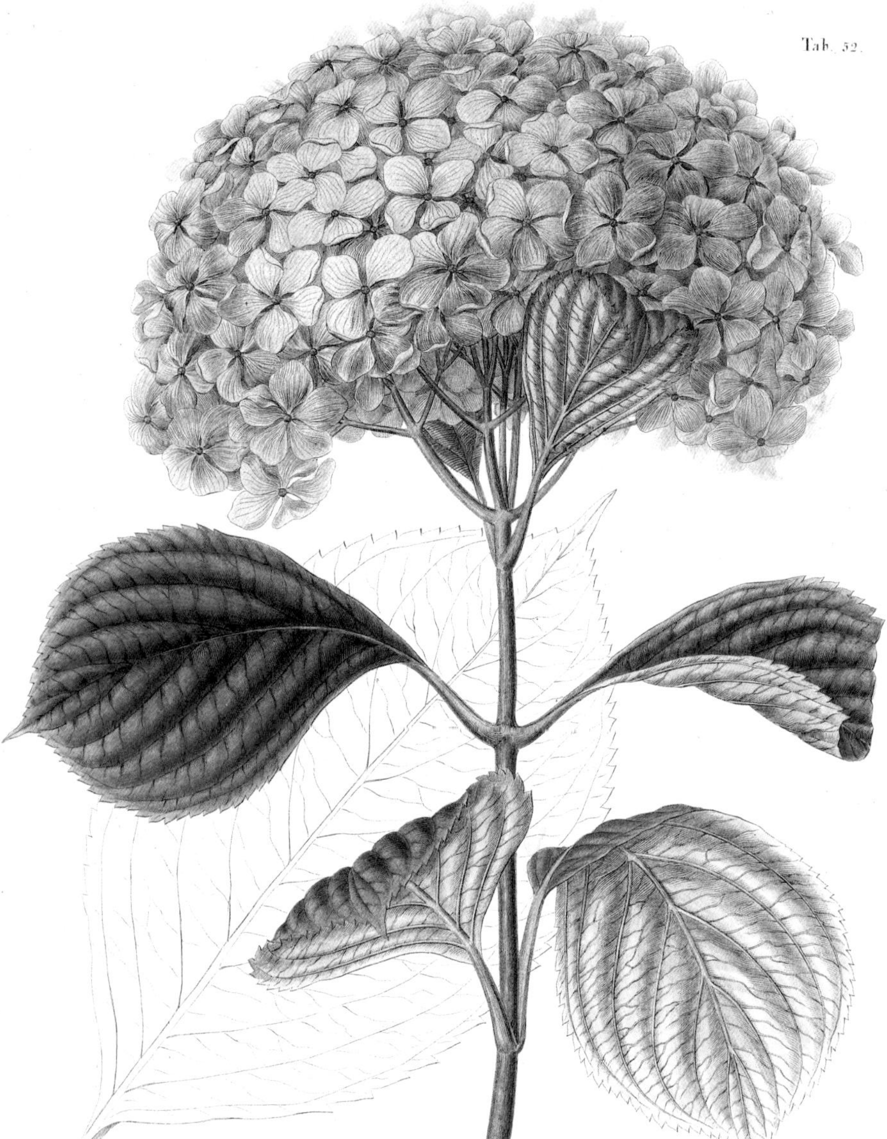

HYDRANGEA Otaksa.

Minsinger del.

52　アジサイ　　アジサイ科

Tab. 53.

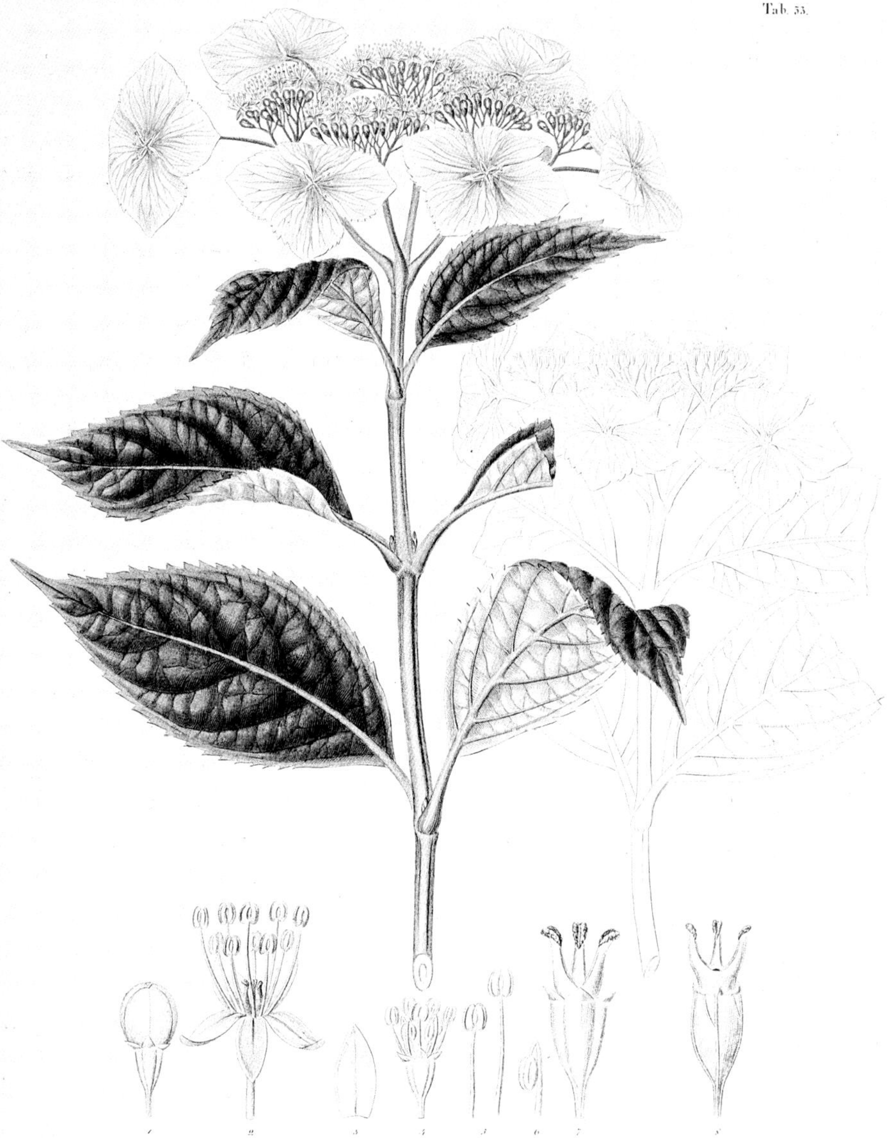

HYDRANGEA japonica.

53　ベニガク　　アジサイ科

55　オオアジサイ　　アジサイ科

Tab. 57.

I. HYDRANGEA *acuminata*. II. H. Bürgeri.

Jos. Unger del. et sc.

57　ヤマアジサイ　　アジサイ科

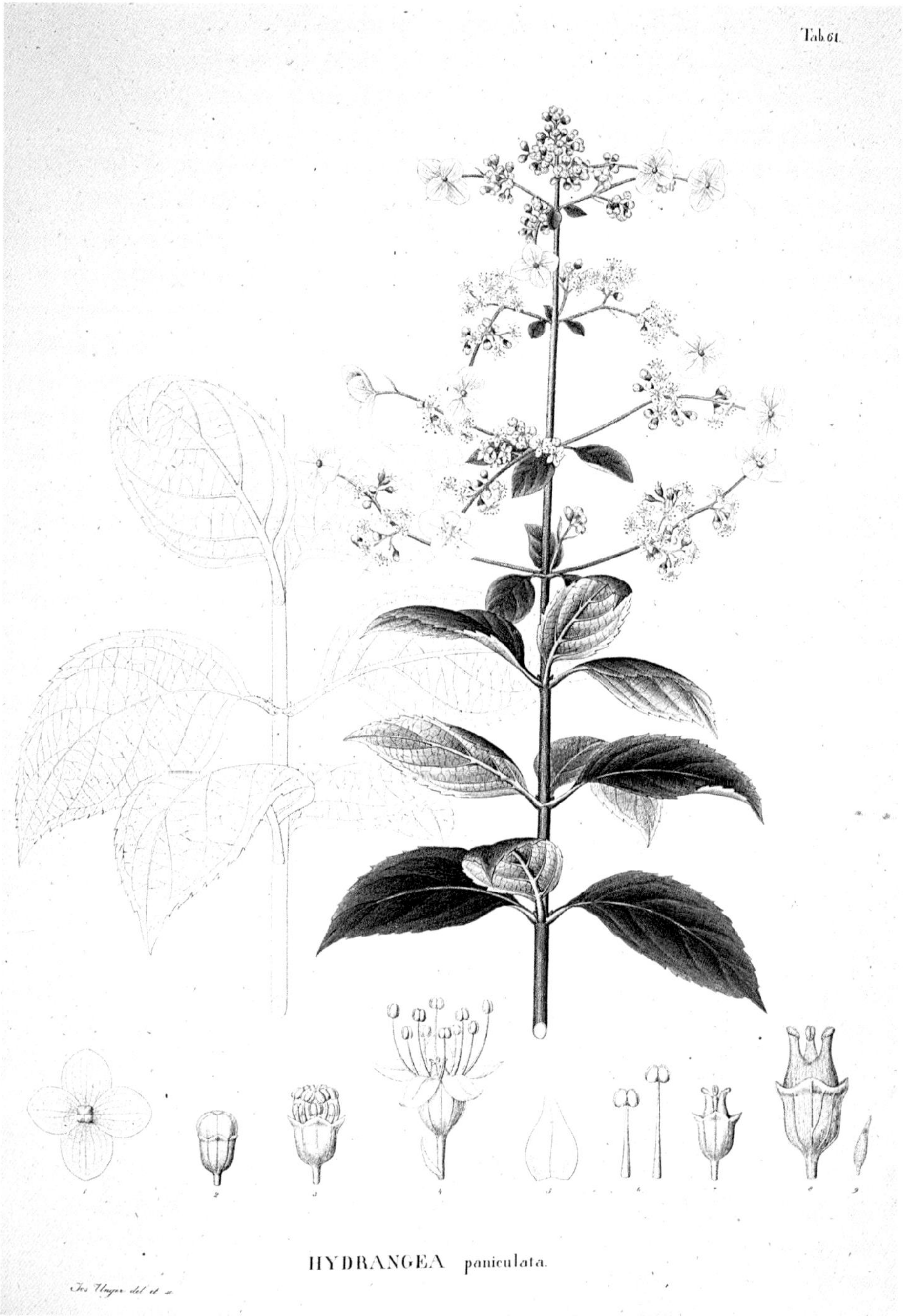

61　ノリウツギ　アジサイ科

Tab. 62

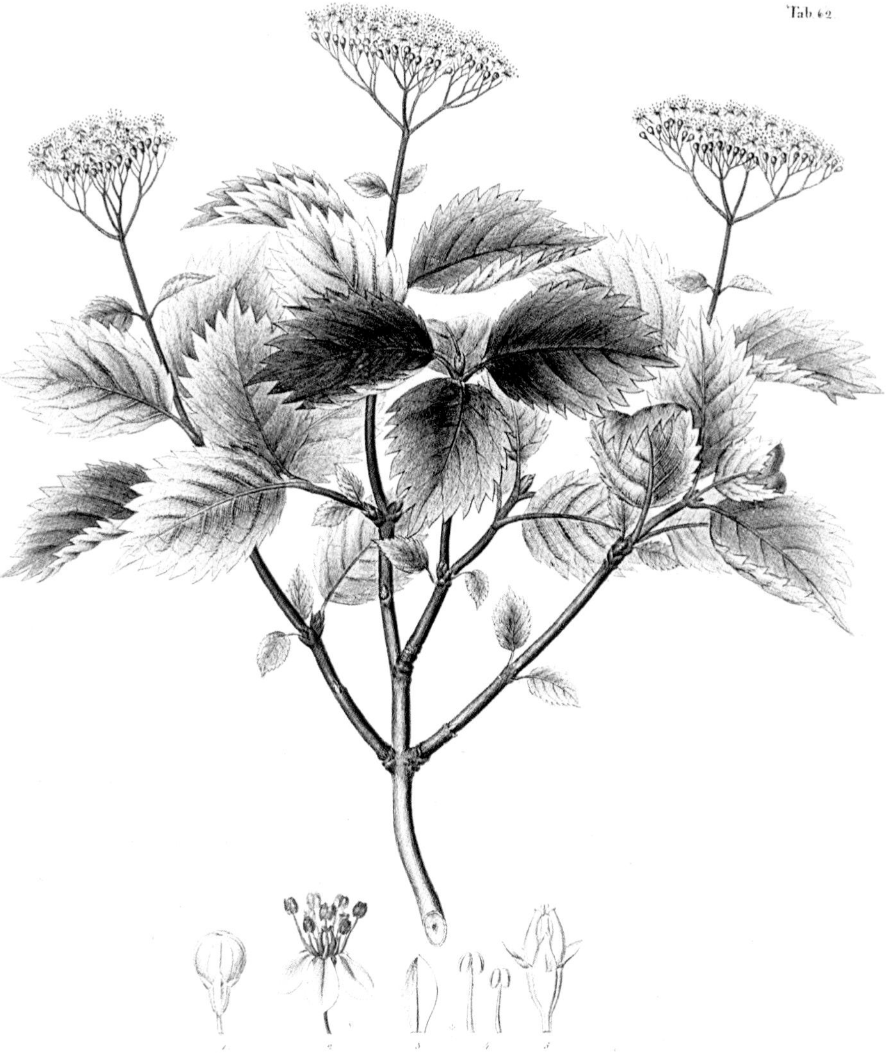

HYDRANGEA hirta

62　コアジサイ

アジサイ科

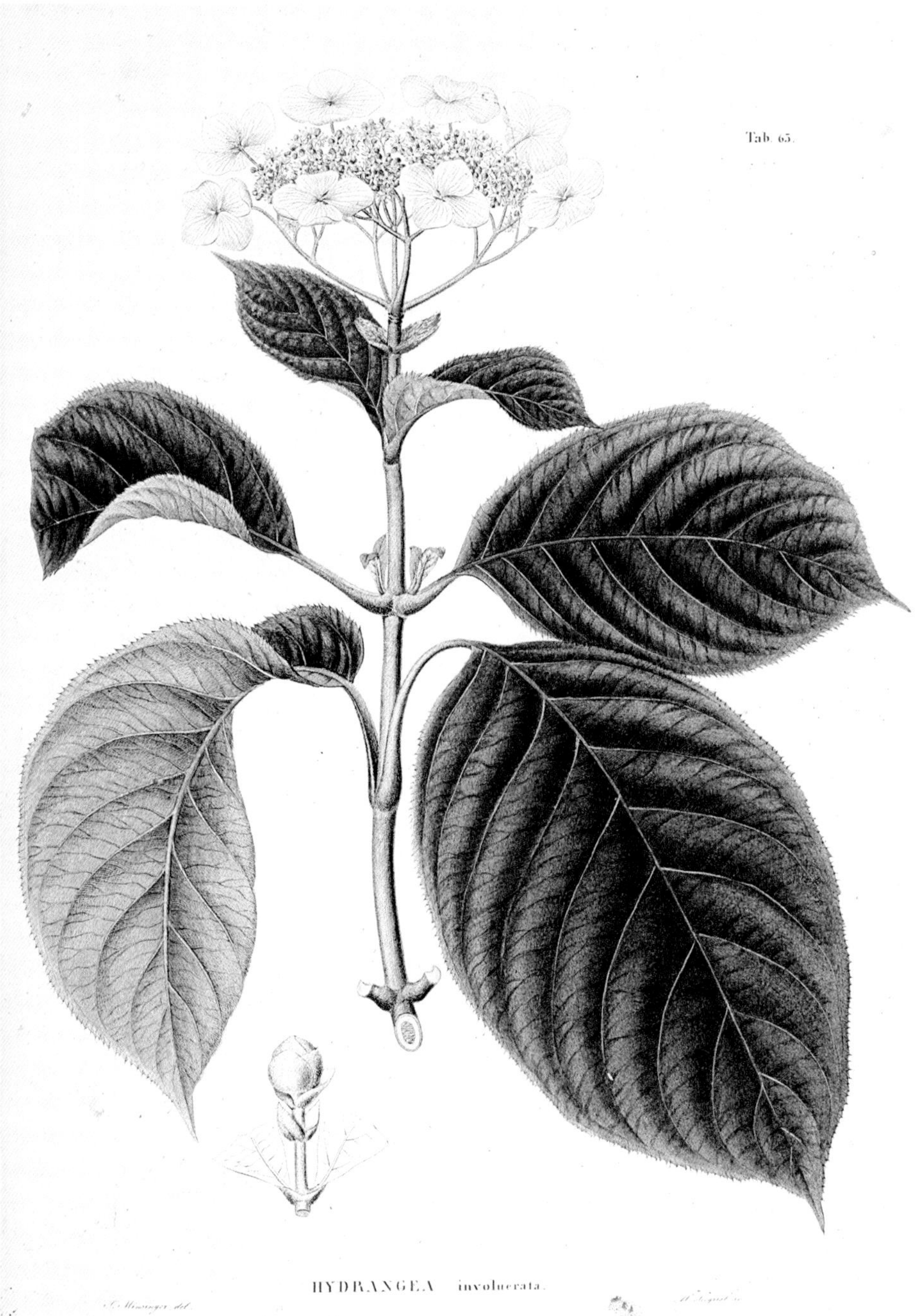

63　タマアジサイ　　アジサイ科

CARDIANDRA alternifolia.

66　クサアジサイ

アジサイ科

Tab. 68.

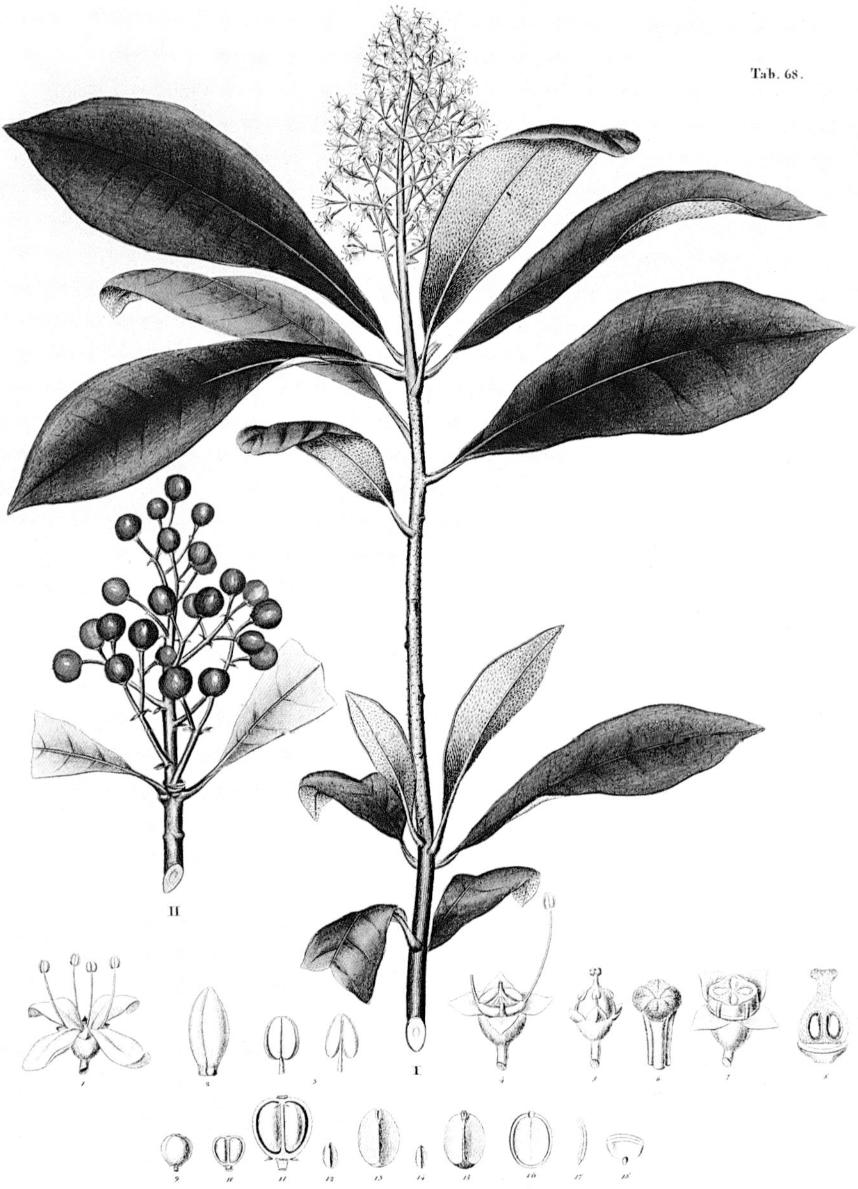

SKIMMIA japonica.

Minsinger del. Siegrist sc.

68　ミヤマシキミ　ミカン科

Tab. 71.

TAMARIX *chinensis*.

71　ギョリュウ

ギョリュウ科

Tab. 72.

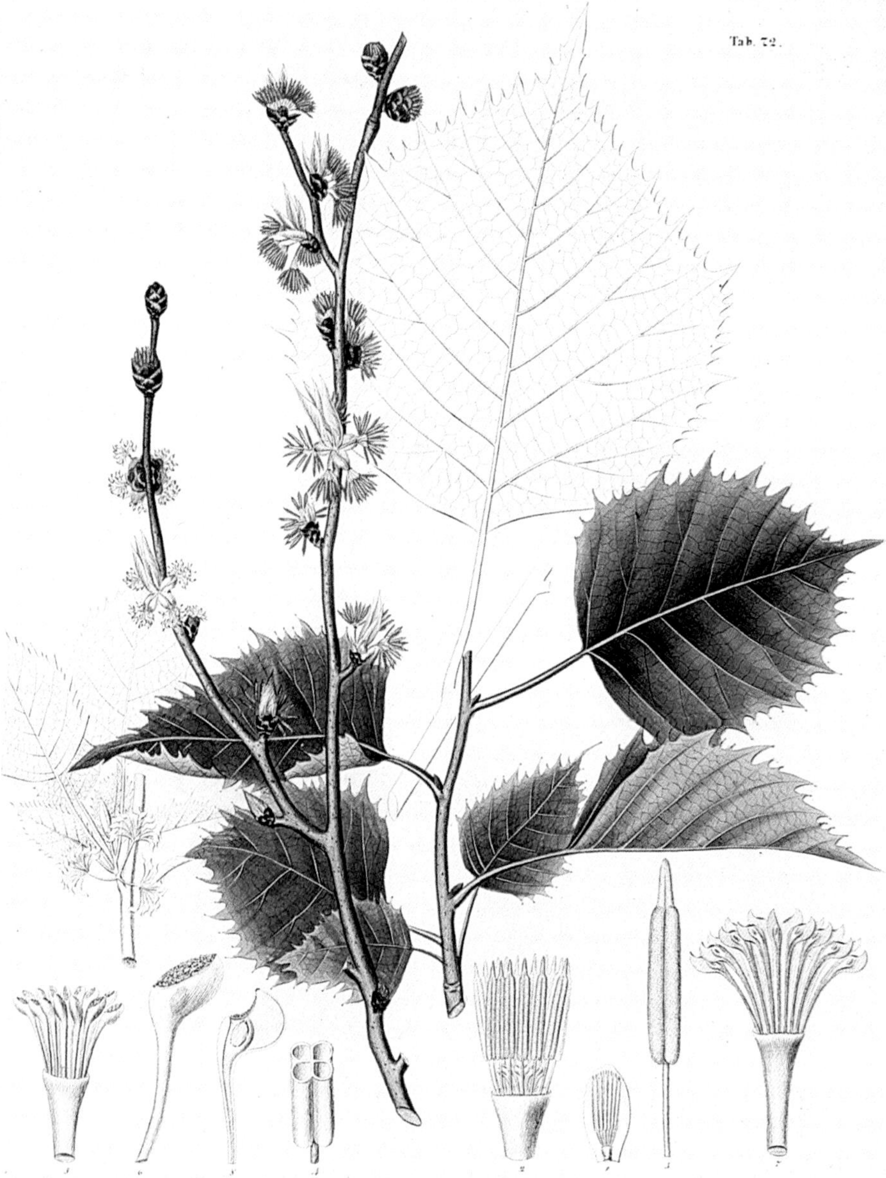

EUPTELEA polyandra.

72　フサザクラ

フサザクラ科

Tab.74.

HOVENIA dulcis.

74　ケンポナシ　　クロウメモドキ科

Tab. 75.

DAPHNE Genkwa.

Fr. Veith del.　　P. Heuwegen fc.

75　フジモドキ　　ジンチョウゲ科

Tab. 77.

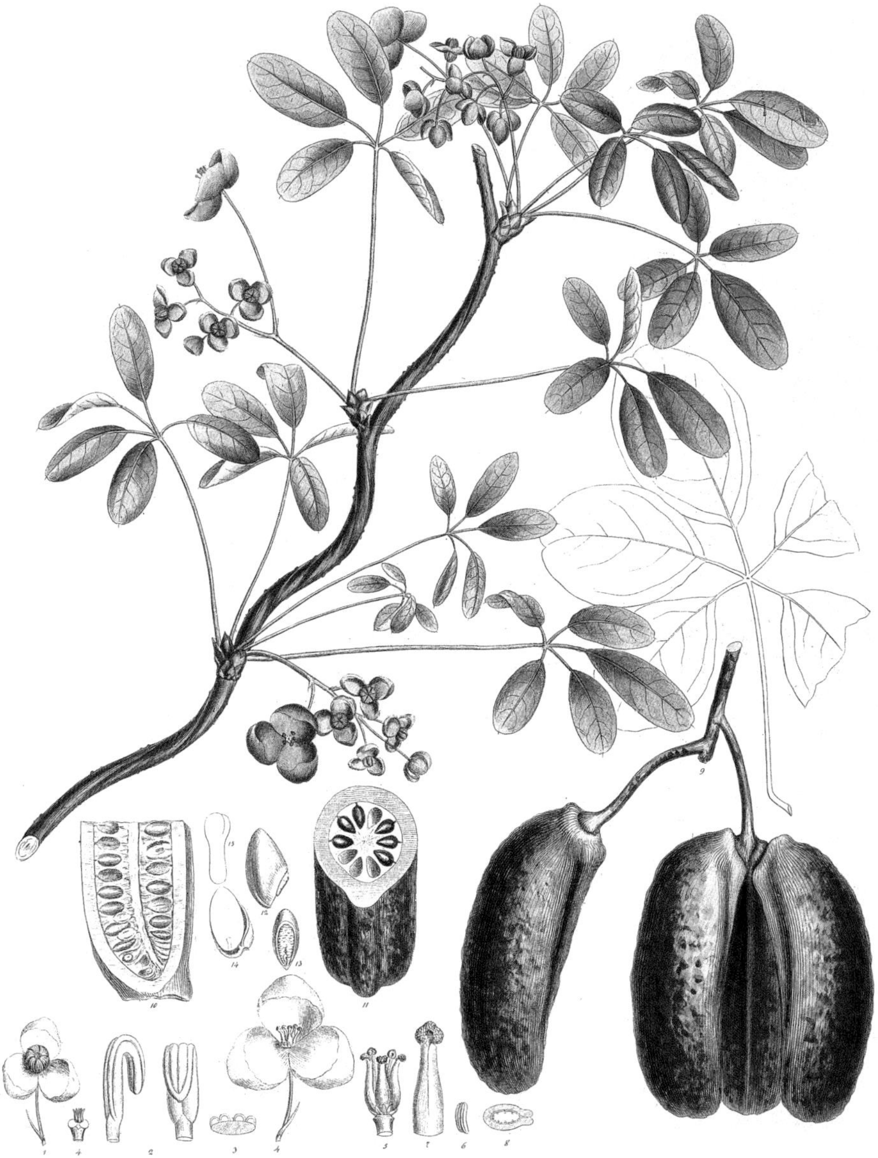

AKEBIA quinata.

77　アケビ

アケビ科

78　ミツバアケビ

アケビ科

ROTTLERA japonica.

79　アカメガシワ　　トウダイグサ科

80　モッコク　サカキ科

Tab. 81.

CLEYERA japonica.

81　サカキ　　　サカキ科

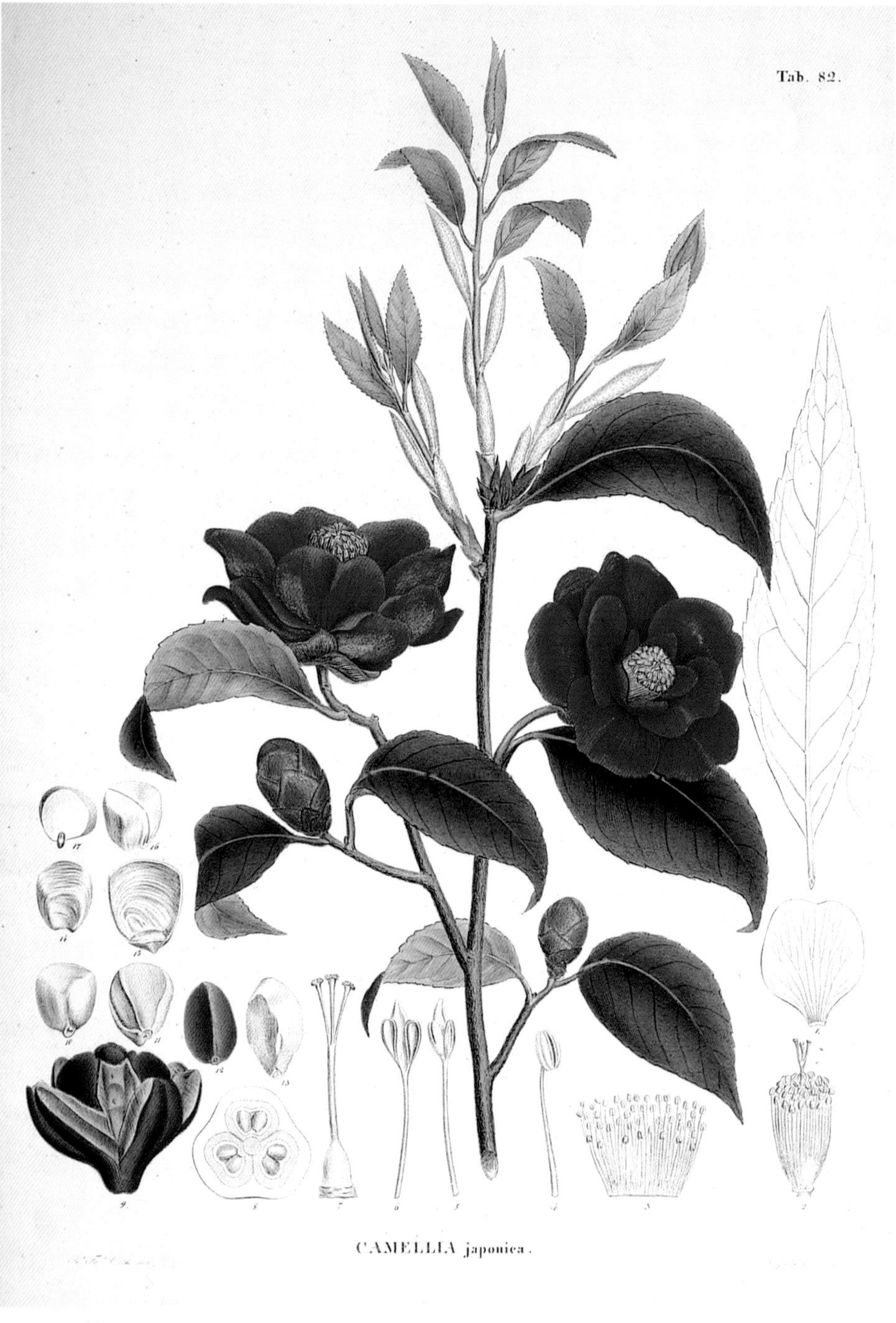
Tab. 82.
CAMELLIA japonica.

82　ツバキ　　ツバキ科

Tab. 83.
12
13
14
1
2
3
4
5
6
7
8
9
10
11
CAMELLIA Sesanqua.
K. Fr. Veith del.
Siegrist sc.

83　サザンカ

ツバキ科

84　サンシチソウ　　キク科

85　シャリンバイ　　バラ科

86　ハナイカダ　　　ハナイカダ科

Tab. 87.

TETRANTHERA japonica.

87　ハマビワ　　　　クスノキ科

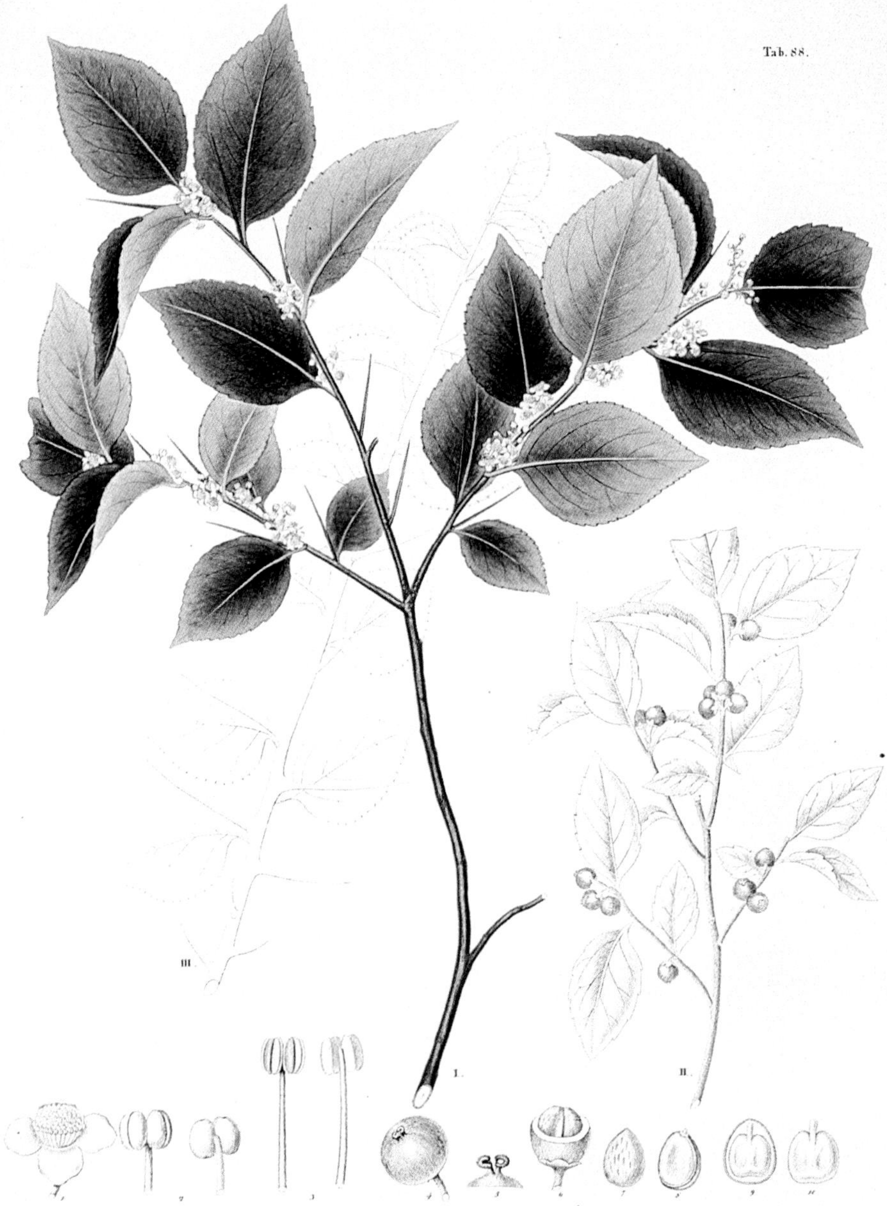

HISINGERA racemosa.

88　クスドイゲ　　イイギリ科

QUERCUS glabra.

89　マテバシイ　ブナ科

92　ツルアジサイ　アジサイ科

HIBISCUS Hamabô.

93　ハマボウ　　アオイ科

95　ミツバウツギ　　ミツバウツギ科

Tab 96

STUARTIA monadelpha

96　ヒメシャラ　　ツバキ科

Tab.97.

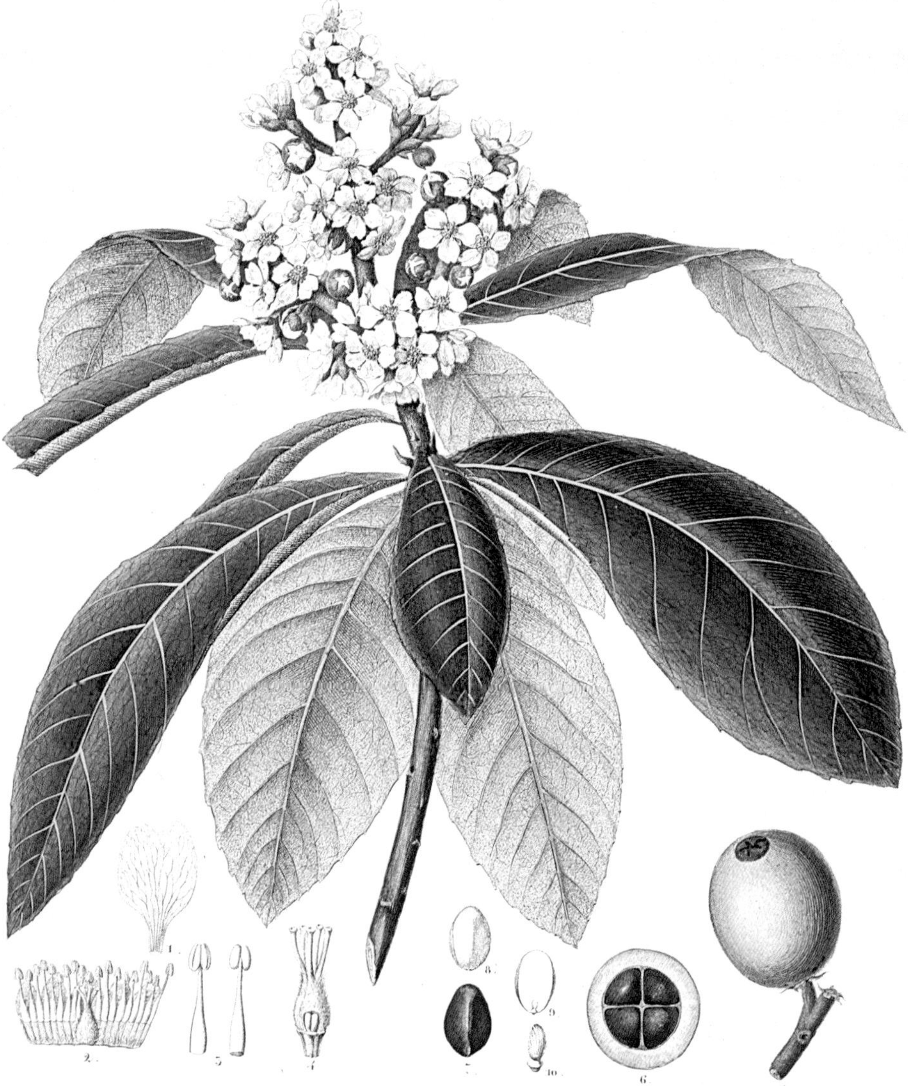

ERIOBOTRYA japonica.

97　ビワ

バラ科

98-I, II　ヤマブキ、98-III　ヤエヤマブキ　　バラ科

Tab. 100.

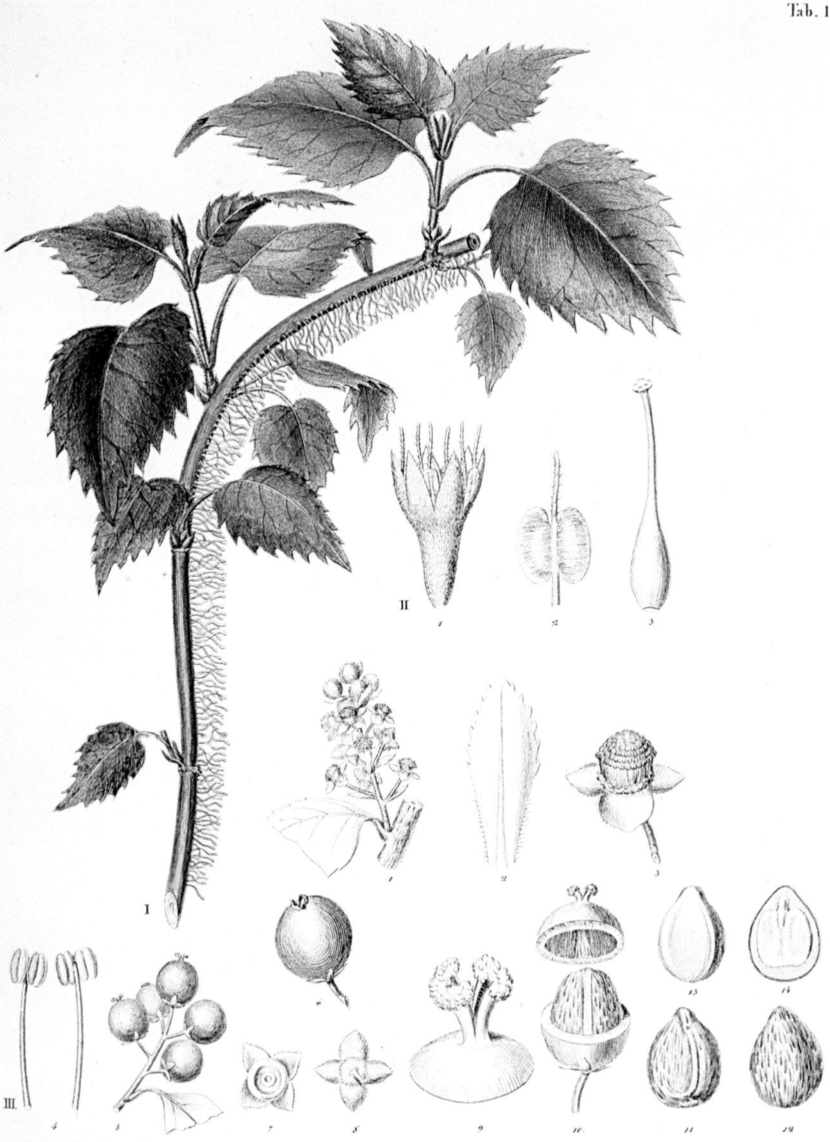

I. SCHIZOPHRAGMA hydrangeoides. II. TETRANTHERA japonica. III. HISINGERA racemosa.

100-I イワガラミ（アジサイ科）、100-II ハマビワ（クスノキ科）、100-III クスドイゲ（イイギリ科）

Tab. 105.

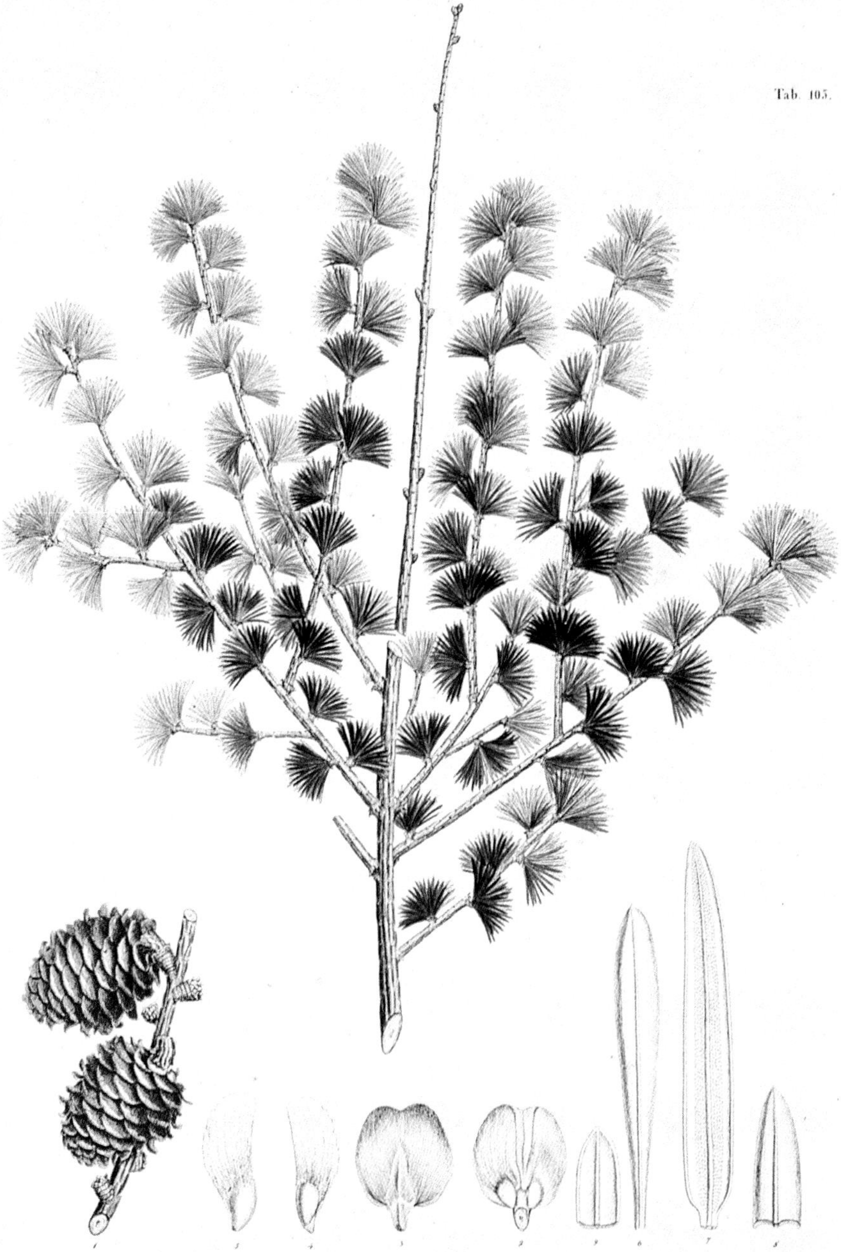

ABIES leptolepis.

105　カラマツ　　　マツ科

Tab. 107.

ABIES firma.

107　モミ　　マツ科

Tab. 114.

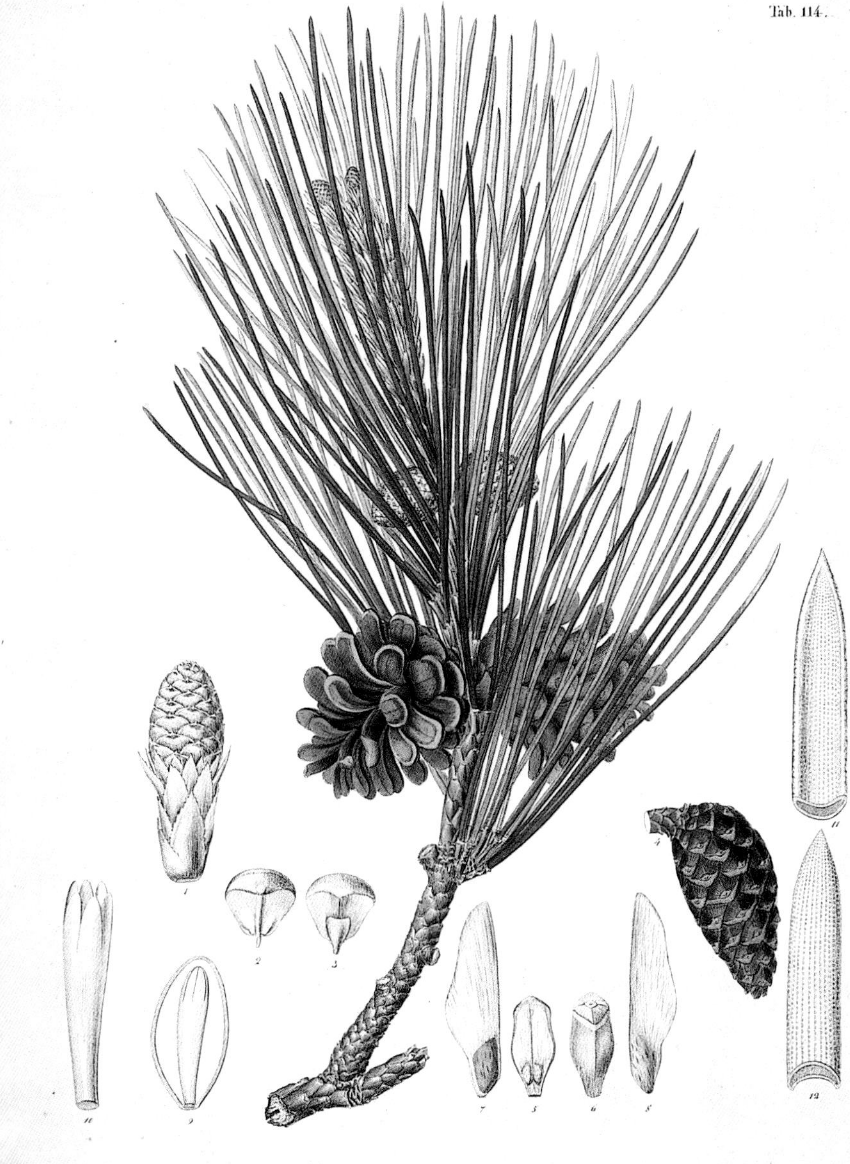

PINUS Mafsoniana.

114　クロマツ　　マツ科

Tab. 121.

RETINISPORA obtusa.

121　ヒノキ

ヒノキ科

Tab. 124.

CRYPTOMERIA japonica.

124　スギ

ヒノキ科

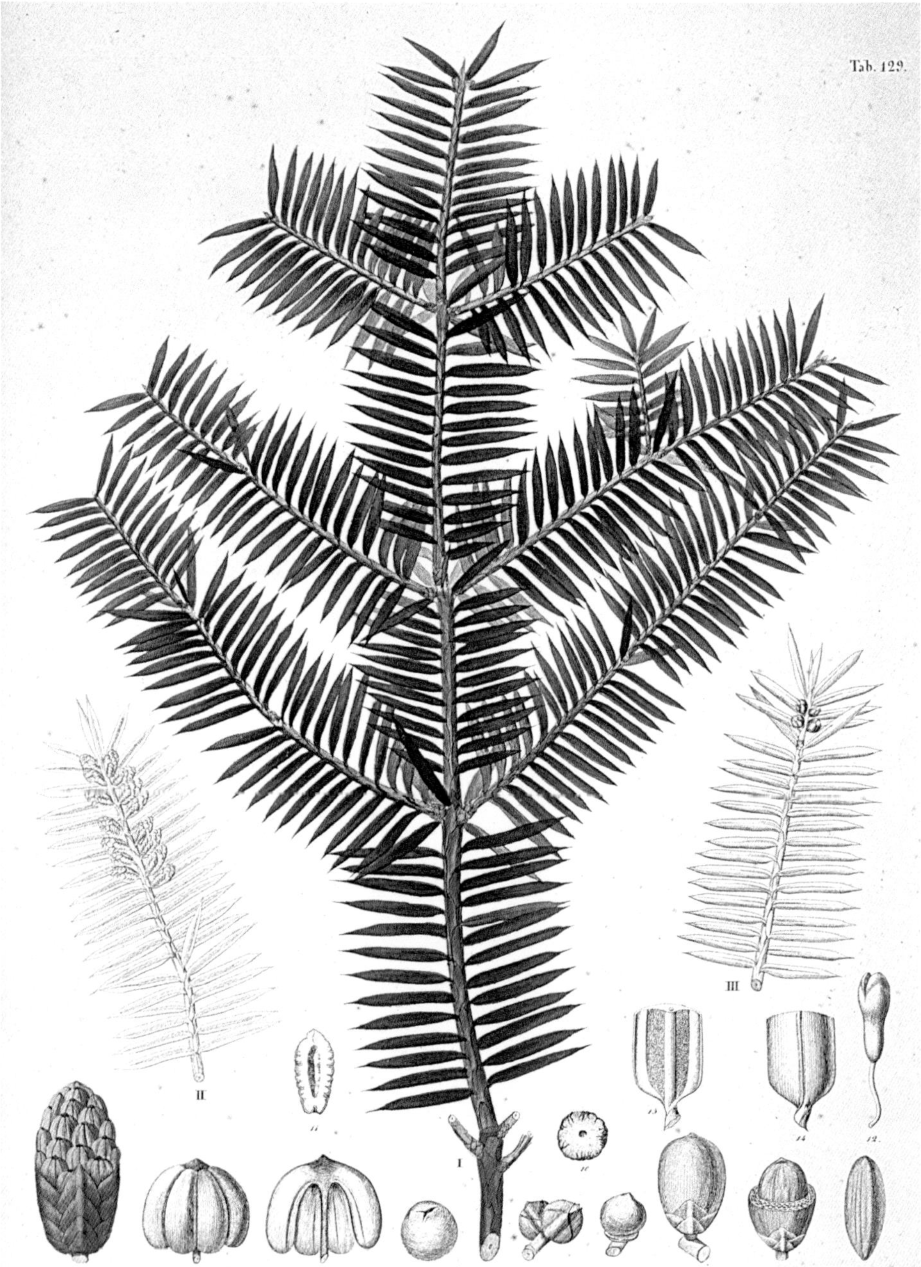
Tab. 129.
I
II
III
TORREYA nucifera.

129　カヤ　　イチイ科

Tab. 135.

PODOCARPUS Nageia.

135　ナギ　　マキ科

SALISBURIA adianthifolia.

136　イチョウ　　イチョウ科

Tab. 144.

ACER japonicum.

144　ハウチワカエデ　　ムクロジ科

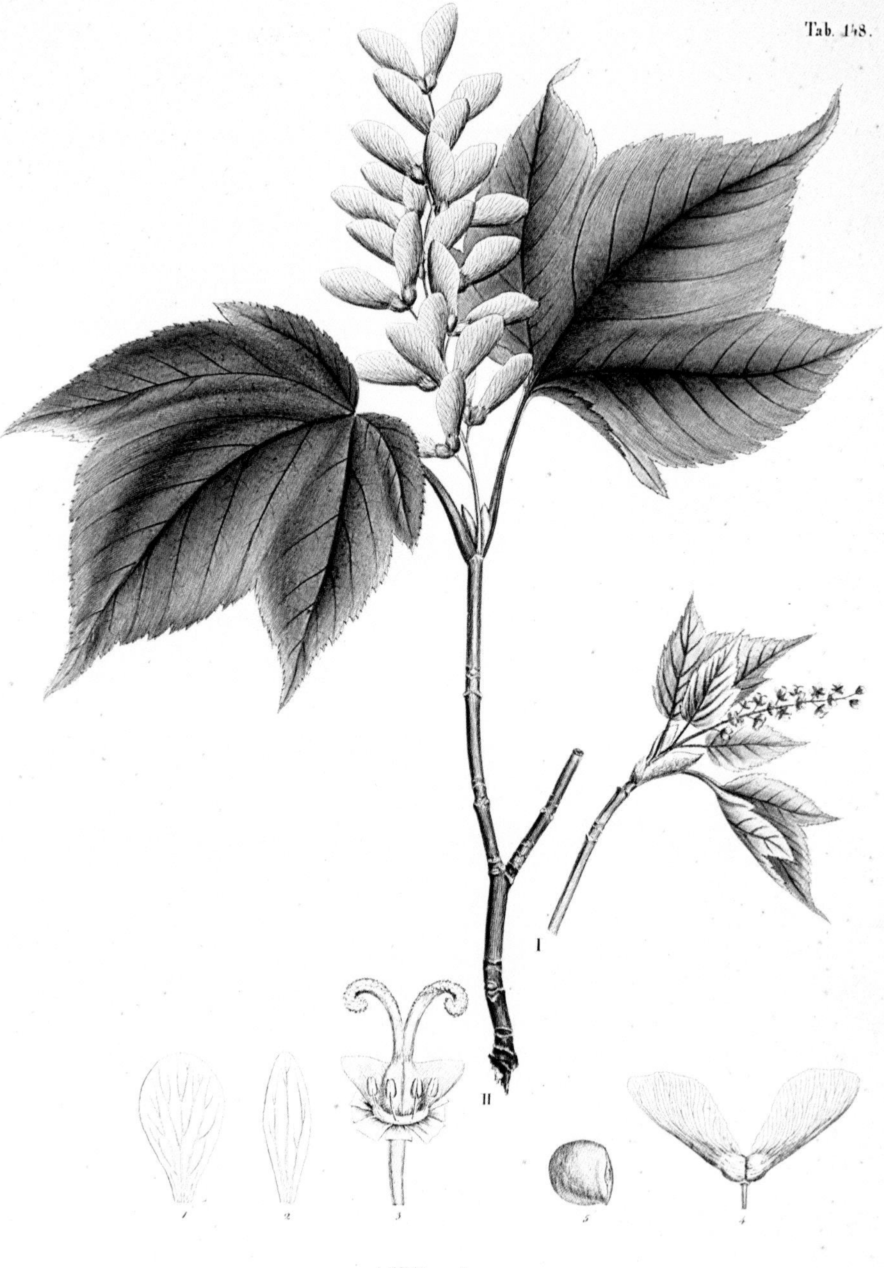

ACER rufinerve.

148　ウリハダカエデ　ムクロジ科

Tab.149.

PLATYCARYA strobilacea.

149　ノグルミ　　クルミ科

20 ヒュウガミズキ　マンサク科

7 マルバウツギ　アジサイ科

24 クロキ　ハイノキ科

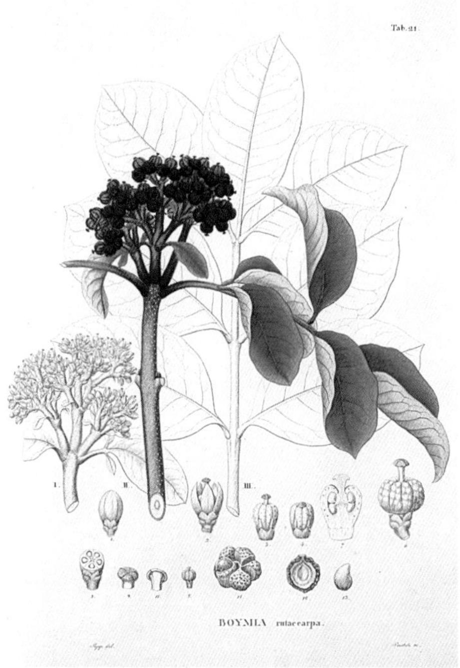

21 ゴシュユ　ミカン科

30　シロバナウツギ　スイカズラ科

25　ウド　ウコギ科

33-I　ツクシヤブウツギ　スイカズラ科

31　ハコネウツギ　スイカズラ科

38　ヤブデマリ　スイカズラ科

36　オオツワブキ　キク科

40　ヤマグルマ　ヤマグルマ科

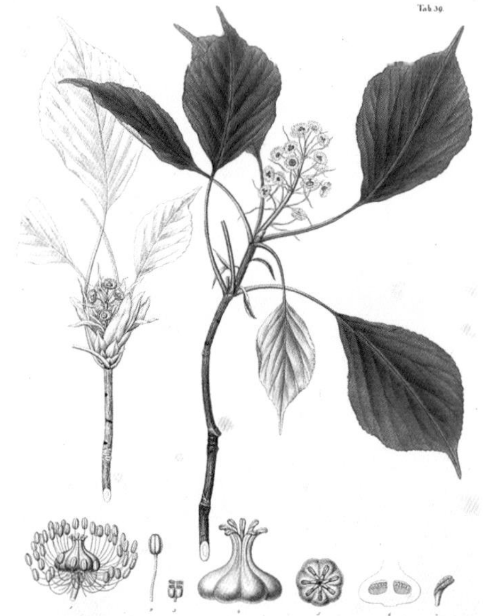

39　ヤマグルマ　ヤマグルマ科

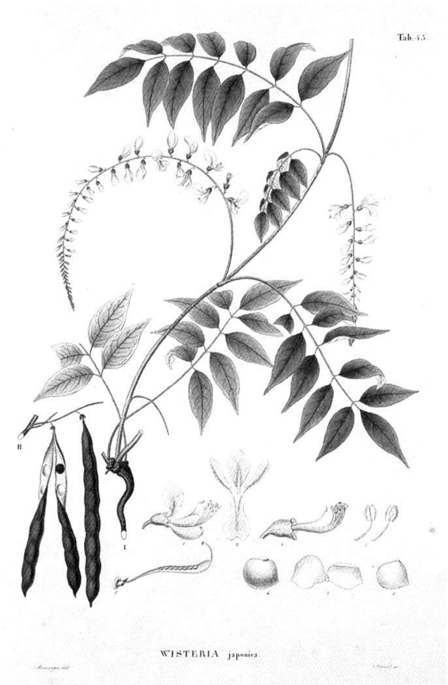

43　ナツフジ　マメ科

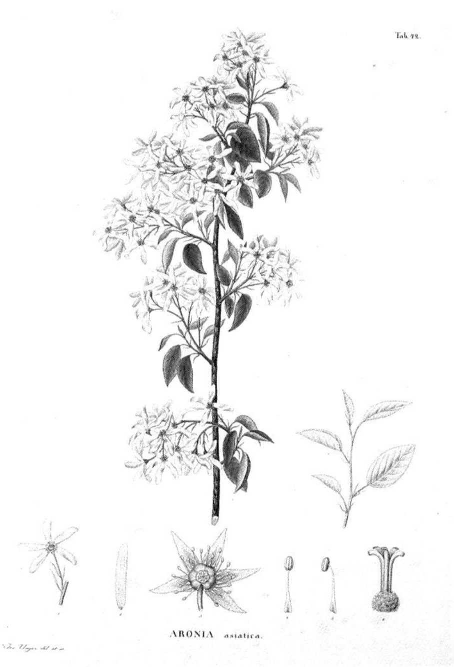

42　ザイフリボク　バラ科

46　ハクウンボク　エゴノキ科

45　ヤマフジ　マメ科

49　センノウ　ナデシコ科

47　アサガラ　エゴノキ科

56　ヤマアジサイ　アジサイ科

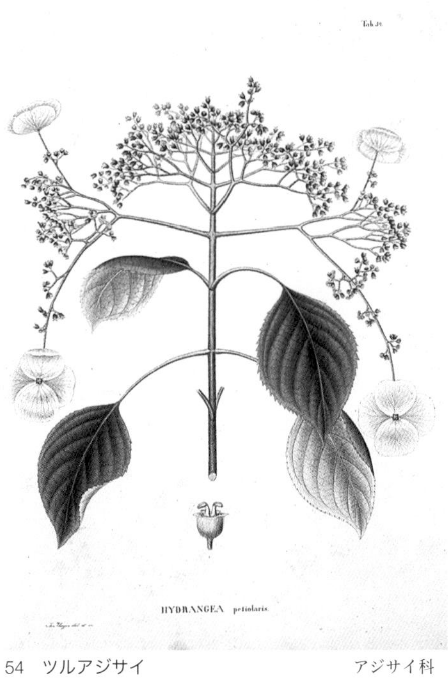

54　ツルアジサイ　アジサイ科

59-I　シチダンカ　アジサイ科

58　アマチャ　アジサイ科

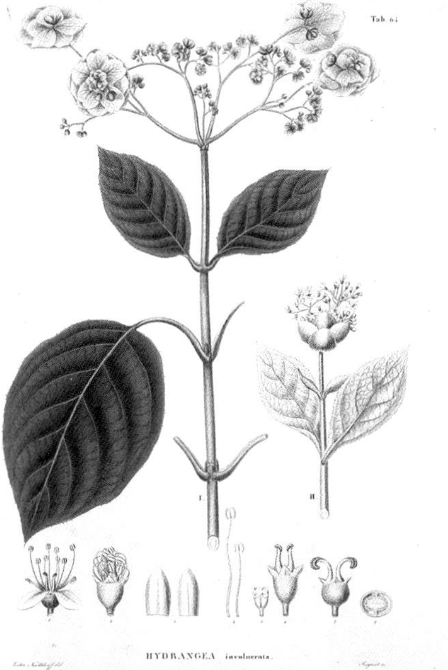

64-I　ギョクダンカ　アジサイ科

60　ガクウツギ　アジサイ科

67　ゴンズイ　ミツバウツギ科

65　クサアジサイ　アジサイ科

70　シジミバナ　バラ科

69　ユキヤナギ　バラ科

76　ムベ　アケビ科

73　ケンポナシ　クロウメモドキ科

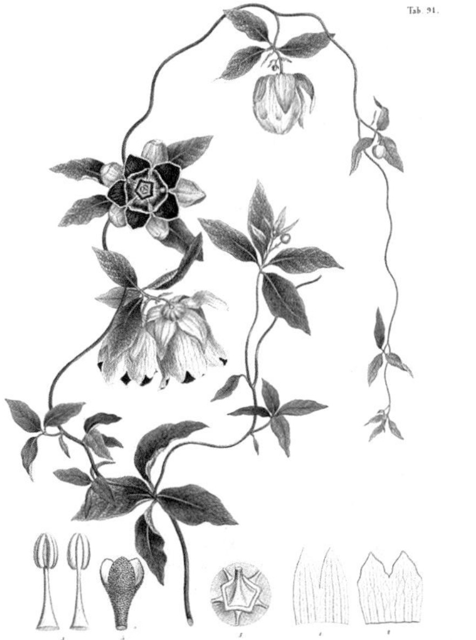

91　ツルニンジン　キキョウ科

90-I, II　ニワウメ　バラ科

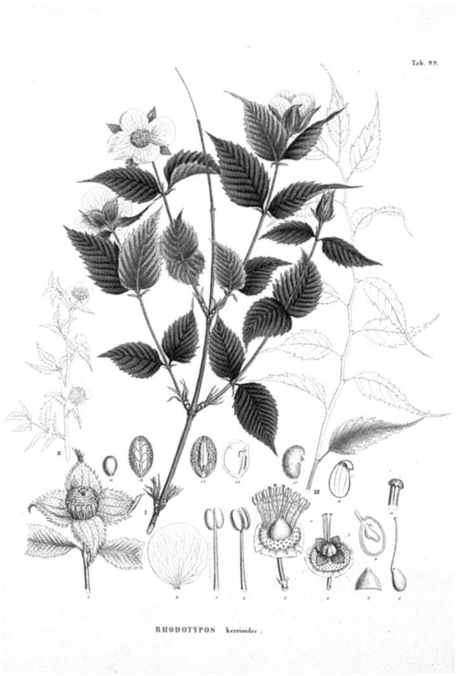

99　シロヤマブキ　バラ科

94　イスノキ　マンサク科

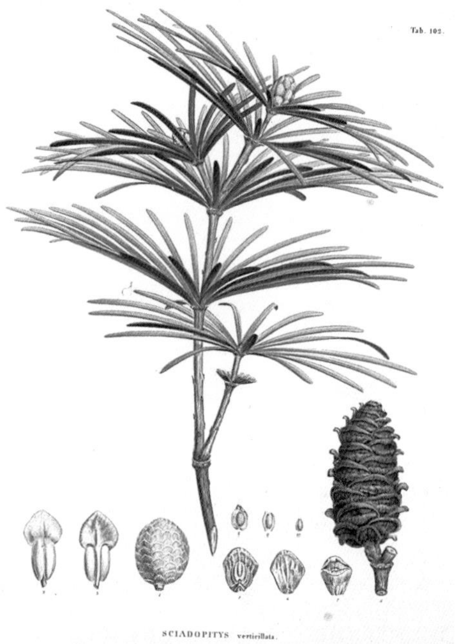

102　コウヤマキ　コウヤマキ科

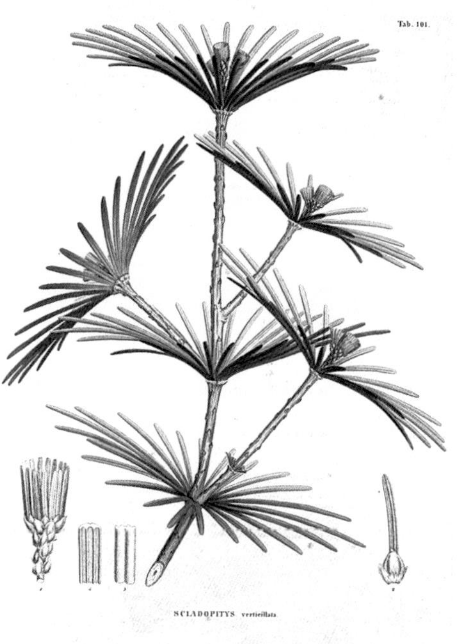

101　コウヤマキ　コウヤマキ科

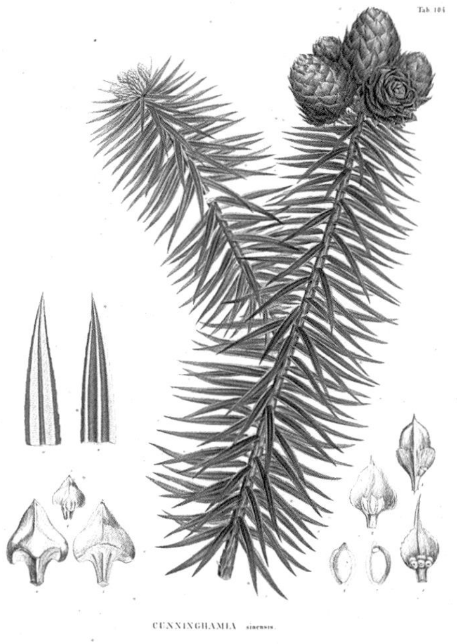

104　コウヨウザン　ヒノキ科

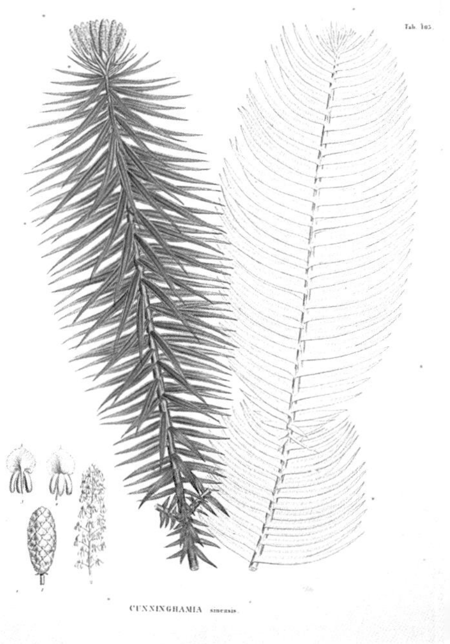

103　コウヨウザン　ヒノキ科

108　ウラジロモミ　マツ科

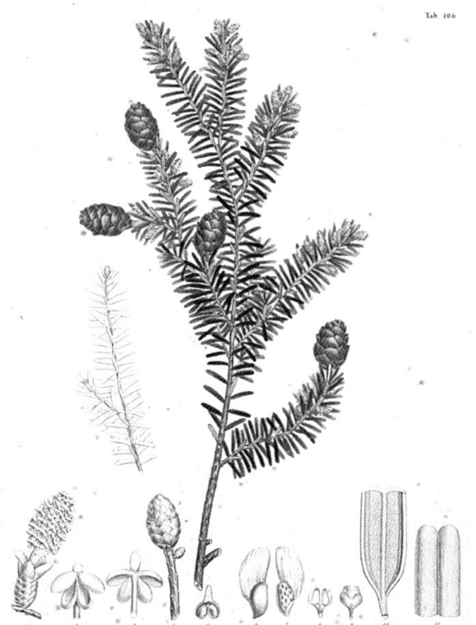

106　ツガ　マツ科

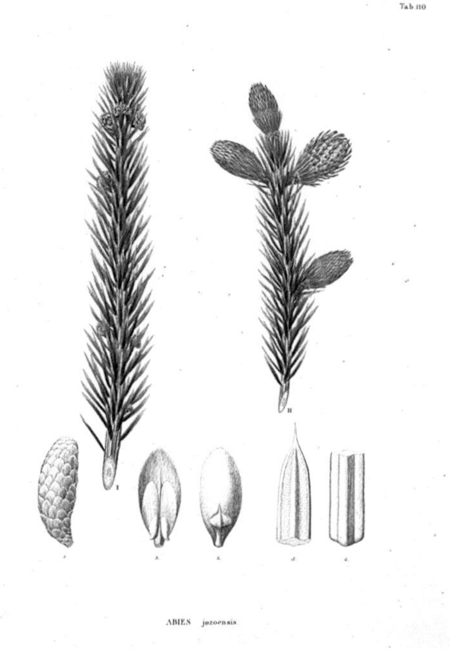

110　エゾマツ　マツ科

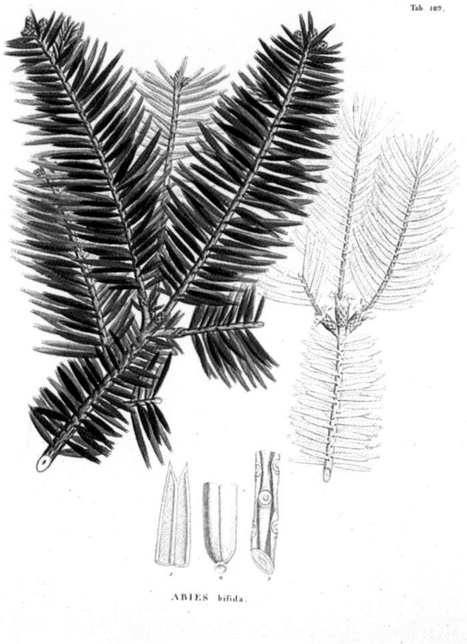

109　モミ　マツ科

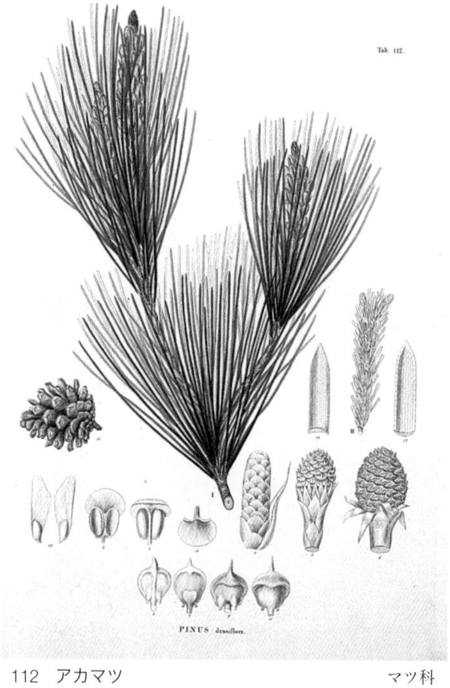

112　アカマツ　マツ科

111　ハリモミ　マツ科

115　ゴヨウマツ　マツ科

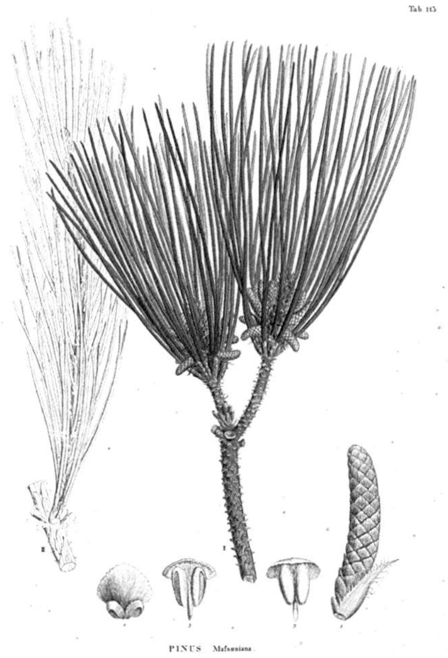

113　クロマツ　マツ科

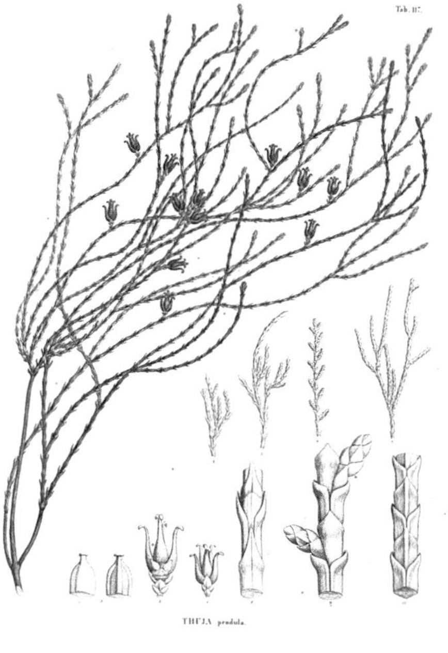

117　イトヒバ　ヒノキ科

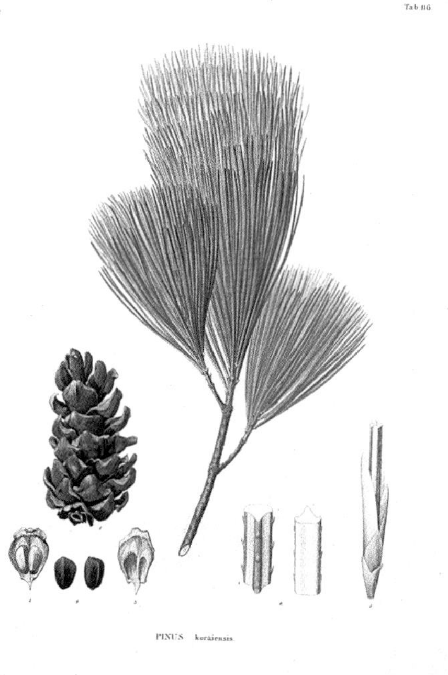

116　チョウセンマツ　マツ科

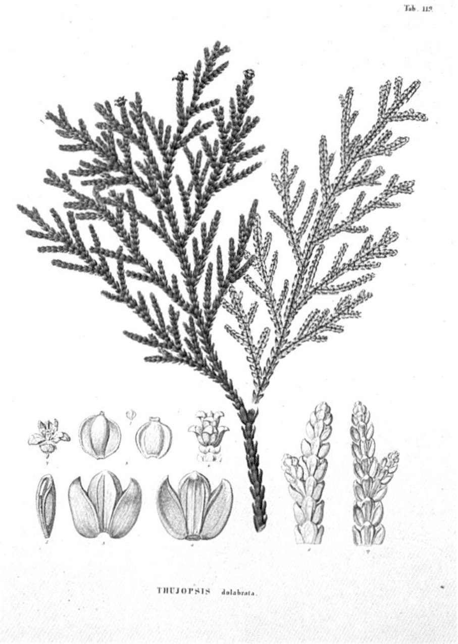

119　アスナロ　ヒノキ科

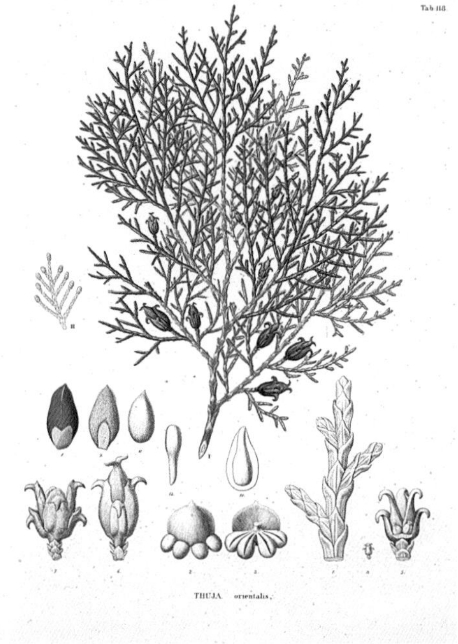

118　コノテガシワ　ヒノキ科

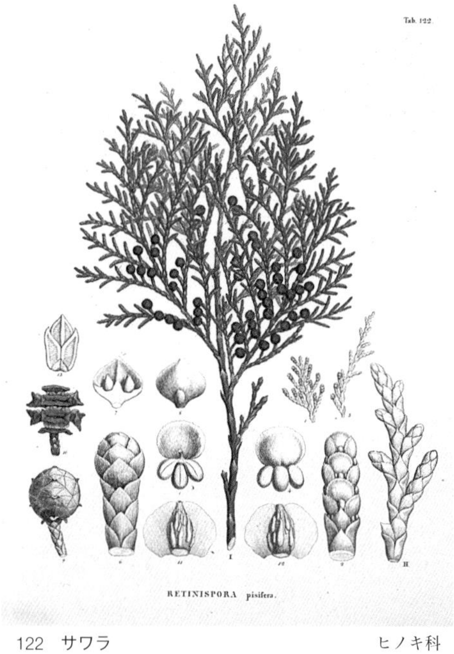

122　サワラ　ヒノキ科

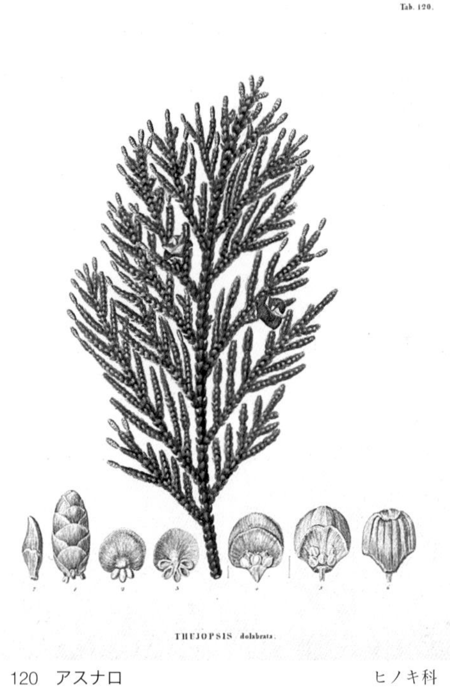

120　アスナロ　ヒノキ科

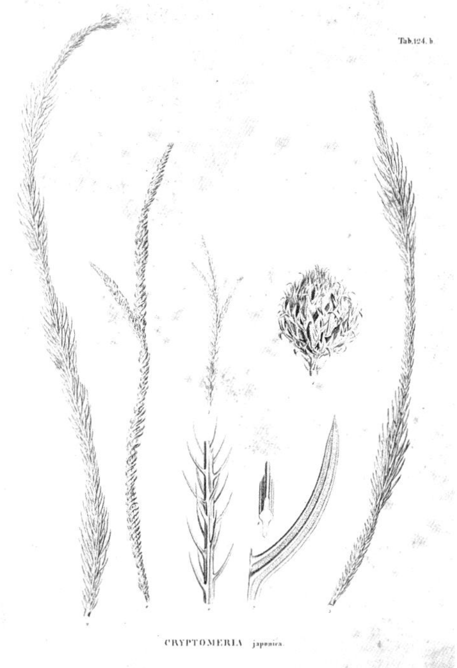

124b　スギ　　ヒノキ科

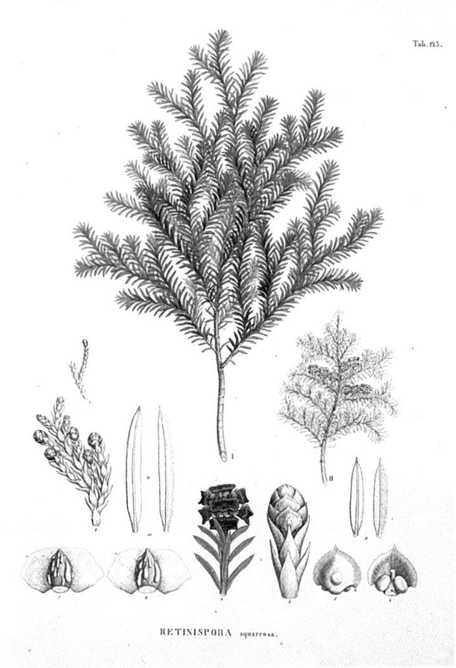

123　ヒムロ　　ヒノキ科

126　イブキ　　ヒノキ科

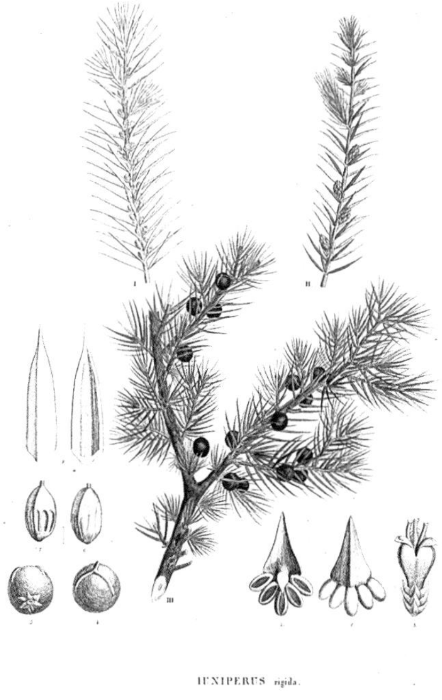

125　ネズ　　ヒノキ科

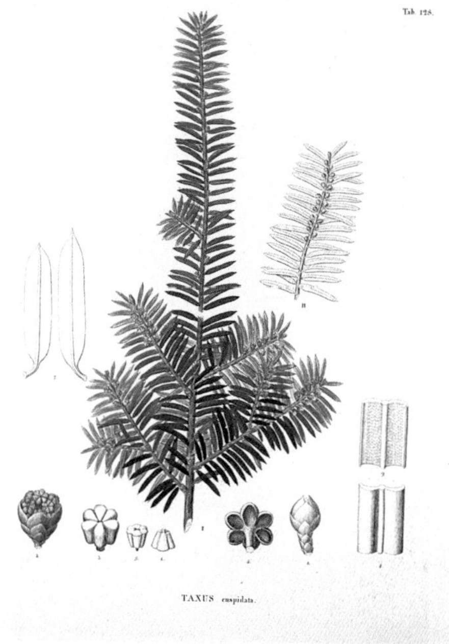

128　イチイ　イチイ科

127-I, II, IV　イブキ、127-III　ハイビャクシン　ヒノキ科

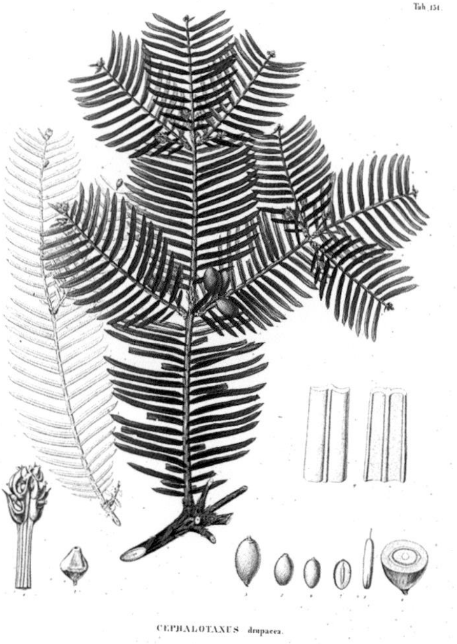

131　イヌガヤ　イチイ科

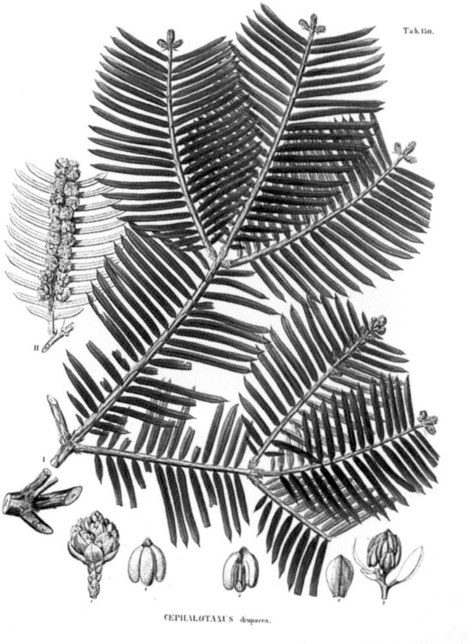

130　イヌガヤ　イチイ科

133　イヌマキ　マキ科

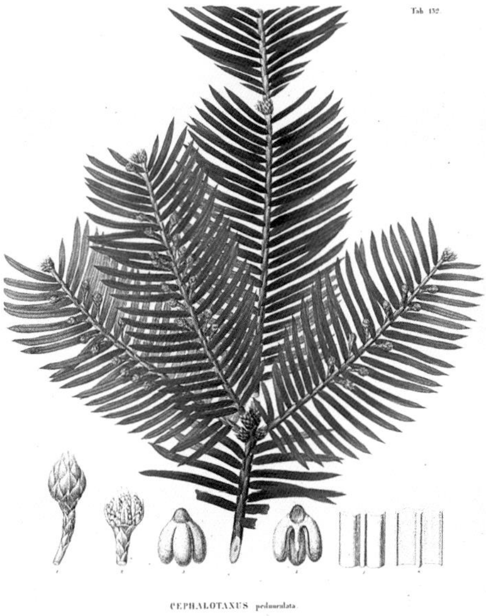

132　イヌガヤの一型　イチイ科

137　マツ科植物の葉痕と葉枕　マツ科

134　ラカンマキ　マキ科

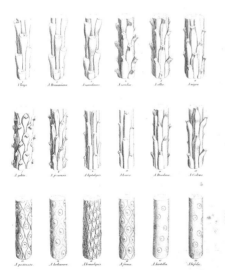

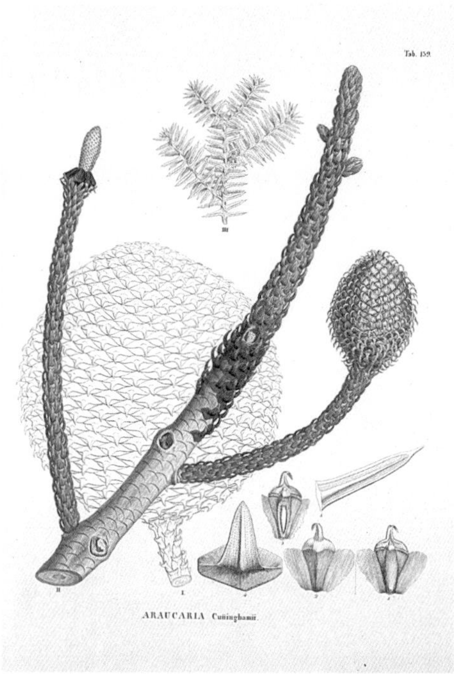

139　ナンヨウスギ　　ナンヨウスギ科

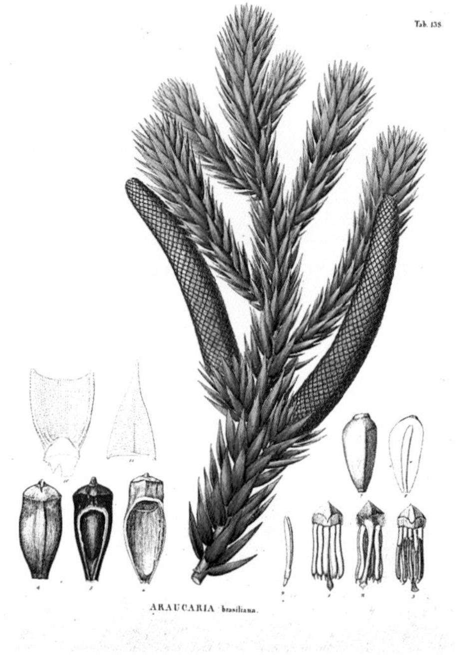

138　ブラジルマツ　　ナンヨウスギ科

141　コミネカエデ　　ムクロジ科

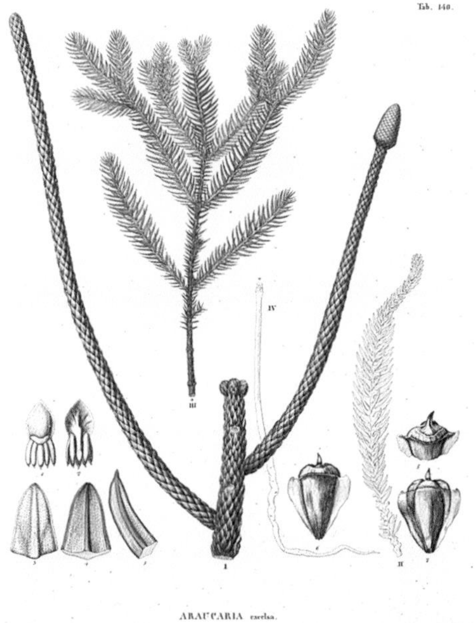

140　シマナンヨウスギ　　ナンヨウスギ科

143-II　トウカエデ　ムクロジ科

142　チドリノキ　ムクロジ科

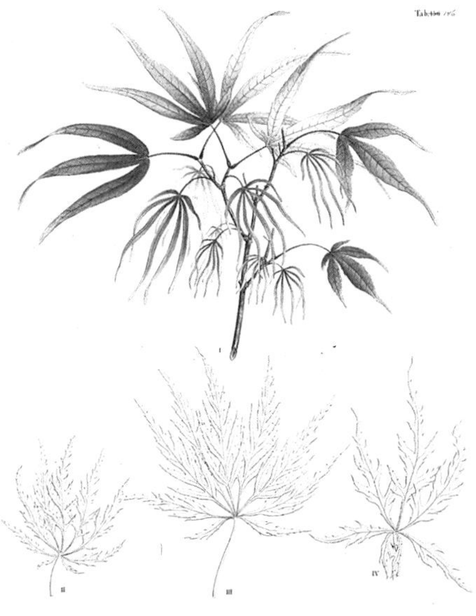

146-I　シメノウチ　ムクロジ科

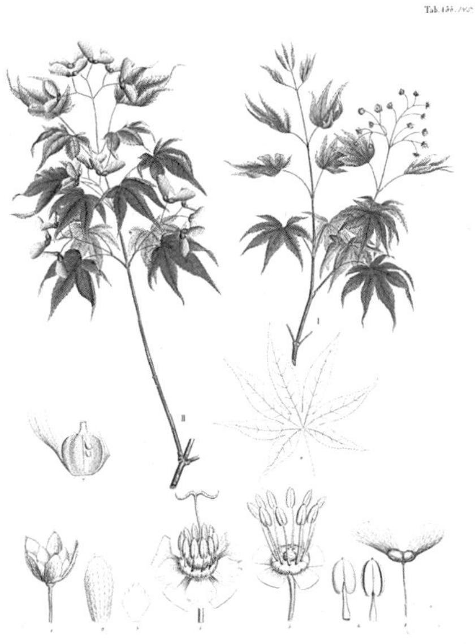

145　イロハモミジ　ムクロジ科

150　サワグルミ　クルミ科

147　ウリカエデ　ムクロジ科

シーボルトと植物学

木村陽二郎

来日当時のシーボルト肖像
(川原慶賀筆、長崎県立図書館蔵)

長崎港と出島（シーボルト『日本』より）

一　ケンペル、ツュンベリー、シーボルト

徳川時代、鎖国日本では西欧あるいは世界の情勢は、小さな扇形の土地、長崎の出島の蘭館を通じてしかほとんど知ることはできなかった。また西欧では地球の反対側のこの神秘に満ちた国のことは、一般の人にはほとんど知られていなかった。この極東の国、日本を西欧に紹介するのにもっとも力のあったのは、ケンペル（ケムパー、Engelbert Kaempfer 一六五一―一七一六）、ツュンベリー（ツンベルグ、Carl Peter Thunberg 一七四三―一八二八）、シーボルト（ジーボルト、Philipp Franz von Siebold 一七九六―一八六六）である。この三人は詳しい旅行記を残し、日本を紹介したが、また日本の文化に、特に植物学にもっとも大きな影響を及ぼしたのである。

ケンペルとシーボルトはドイツの人であり、ツュンベリーはスウェーデンの人である。彼らはオランダ人になりすまして日本に来た。西欧人としてはオランダ人しか日本に来られない当時の事情のなかにあって、オランダ語の習得や当時の航海の艱難辛苦を考えると、彼らを日本にひきつけたものはなにであったか。オランダ人は貿易のため、いわば金もうけのために日本に来たが、彼ら三人の熱烈な目的は何であったか。

ツュンベリーの目的は日本の植物誌をまとめ、また日本の植物を西欧に持ち帰ることにあった[12]。彼はケンペルの書物『廻国奇観』に多数の植物が紹介され、またそのなかの美しい二八枚の植物図をみて、もっとも頼りになる文献として、日本にこれをたずさえて来た[12]。ケンペルは日本に対する好奇心で日本に来たが、そのなかでも日本の植物に特に興味をもち、その紹介に重点をおいていた。だいたい西欧人の東洋への興味は古くから香料にあり、それによって交通も開けた。植物が元来、主役をなした歴史がある。シーボルトは日本に来て、日本学を完成する決心をしたがやはり植物に特に興味があった。彼がもっとも参考としたのはツュンベリーの『日本植物誌』であった。彼ら三人は医師として鎖国日本でもっとも日本人と接触できる立場にあり、江戸にも商館長（加比丹、カピタン）に随行し江戸城内で将軍に会うことができた。医師は薬のために野外で植物採集するのは自然であったから、出島の外にも出ることが可能だったし、旅行中もある程度は植物を採集することができた。

ケンペルは一六九〇年から九二年にかけ日本に滞在し、オランダ商館長の第五六回（一六九一）、第五七回（一六九二）の参府に従い江戸に出たのは、五代将軍綱吉の時代だった。ツュンベリーが商館長に従って江戸に出たのは、それから八四年もたった一七七六年第一四〇回の参府で将軍家治の時代である。その二年前に杉田玄白の『解体新書』が出版されていて、翻訳同人の桂川甫周、中川淳庵両人はオランダ語は未だ不十分とはいえ、毎晩のように江戸のオランダ宿、長崎屋に通って医学や植物学をツュンベリーに学ぶことができたし、ツュンベリーも

また本草学に特にくわしい中川淳庵に日本の植物についてきくことができた。真に時宜を得た来朝だった。しかしツュンベリーは近代植物学を確立したといえるリンネの弟子だが、西欧の植物学の真髄の重要性を二人に理解さす目的はなく弟子の理解もそこまでには至らなかった。後にツュンベリーは中川淳庵にケンペルの『廻国奇観』を贈った。しかしツュンベリー自身の著『日本植物誌』は両人の手には入らなかった。

　ツュンベリーは一七七五年来日し、翌年には江戸参府ののちその年に帰国したが、それから四七年たった文政六年（一八二三）シーボルトは日本の土を踏んだ。『解体新書』出版五〇年後にあたり、蘭学は盛んであり、オランダ語学習のテキストである大槻玄沢の『蘭学階梯』もでて久しく、蘭和辞典も出版されていた。文化八年には高橋至時《よしとき》の子、高橋作左衛門景保《かげやす》（一七八五―一八二九）を長として浅草片町の幕府天文台には蛮書和解《わげ》御用掛があり、ショメルの『厚生新編』の訳業がつづけられていた。蘭学はいわば幕府の推進する天下に公の学問となっていた。シーボルトと立派に交際できる桂川甫賢、大槻玄沢、宇田川榕庵らがいた。シーボルトが日本に初めてもたらしたツュンベリーの『日本植物誌』はシーボルトが日本を去るにあたって弟子の伊藤圭介に与えられ、リンネの植物分類体系は圭介によってくわしく日本に紹介されたのである。シーボルト渡来の頃には長崎のオランダ通詞以外にも、オランダ語のできる学者は数多く、彼らは長崎のシーボルトの名声を慕って全国から長崎の鳴滝塾に集まってきたのである。

　ケンペルは日本の事情や植物を、むしろ日本人に習って記した。すなわち長崎の通詞今村市左衛門の息子、二〇歳の源右衛門、後の著名な通詞今村英世を小使の名儀で雇い、オランダ語を教え、その知識を活用した[13]。ケンペルの植物の命名や記述はリンネの出現以前であるから、日本の本草学者と根本的にはあまりかわるところがなかった。ツュンベリーは日本で植物を集めてそれを初めてリンネの新体系のもとに整理し『日本植物誌』を著した。シーボルトは日本の学者や弟子の援助をうけてツュンベリーの仕事を補い訂正し、より完全な日本植物誌を志した。しかしシーボルトの特徴はその見事な図譜としての『フローラ・ヤポニカ』（Flora Japonica）またの名『日本植物誌』の著述にある。

二　シーボルト日本へ

　シーボルト家は代々医学で知られた家柄で、祖父は南独バイエルン州のヴュルツブルク大学教授でドイツ第一流の外科医として知られ、オーストリアの皇帝フランツ二世から貴族の称号をもらい、フォン・シーボルトと一家は誇りをもって名乗る。父もまた同大学の生理学教授だったが三三歳の若さで死んだ。叔父も同大学の外科学及び解剖学教授で、もう一人の叔父は産科を専門としベルリン大学教授として名声を馳せた。叔父の子、つまり従兄弟のシーボルト（Carl Theodor Ernst von Siebold 一八〇四—八五）はミュンヘン大学の生理学、比較解剖学教授、後に動物学教授となり、その方面の業績も多く、名をあげた。

フィリップ・フランツ・フォン・シーボルトは三歳の時に父を失ったが、母方の伯父に養われた。兄弟だった一男一女は幼くて死に、彼一人が残った。ヴュルツブルクで高校から大学に入学して、医学、植物学、動物学、人類学、地理学、民族学を学んだ。医学を学ぶものにとって薬の基礎となる動植物を学ぶのは当然だが、彼が地理や民族学を好んだことが注目される。当時の多くの青年に共通していたかもしれないが、彼の目は早くから海外に向いていたと思われる。大学生としての彼は、父の親友であった同大学の解剖学のデリンガー（Ignaz Döllinger 一七七〇—一八四一）教授の家に起居し、大きな影響を受けた。シーボルトが日本に来るときも、デリンガーの頭髪を肌身離さず持っていたことをみても、愛敬の念が深いことがわかる。教授を訪れる人のなかに著名人が多かった。哲学者シェリングがヴュルツブルク大学にいたこともあってデリンガーは自然哲学派に属し、その生物学方面の代表的人物のオーケン（Lorenz Oken 一七七九—一八五一）と植物学者エーゼンベック（Nees von Esenbeck 一七七六—一八五八）はもとより、雑種植物の研究で著名のゲルトナー（Carl Friedrich von Gaertner 一七七二—一八五〇）などもその中にあってシーボルトに影響したであろう。筆者には英国のチャールズ・ダーウィン（Charles Darwin 一八〇九—八二）が植物学者ヘンズロー教授の宅で、多くの学界名士に会い刺激をうけたことが思い出される。

シーボルトは学位をとってハイディングスフェルトで開業したが、ケンペルやツュンベリーの書物に刺激されたのであろう。一八二二年七月七日ヴュルツブルクを発って一九日、オランダのハーグに行き、陸海軍軍医総監ハルバゥルからオランダ領東インドの陸軍病院外科軍医少佐に任じられた。彼はついでパリに行き、動物学者として当時もっとも名声の高かったキュヴィエ（Georges Cuvier 一七六九—一八三二）やパリ生まれでシナ学の大家レミューサ（Abel Rémusat 一七八八—一八三二）らに会って知識を得た。一八二二年九月二三日オランダのロッテルダムを出発し、東洋に向けて旅立つ彼の感激は、九年後、英国のデボンポート港を発って五年間の世界一周の旅に出て南米に向かう、後の進化論者、若いチャールズ・ダーウィンのそれにも似ていよう。

ドイツのレムゴーに生まれたケンペル[14]は、ドイツの各地を遊学した後、ポーランド南部クラカウで哲学、語学、史学、博物学を学び哲学修士となり、ドイツのケーニッヒスベルクで医学、薬学、博物学を研究、スウェーデンに行き、ウプサラ大学で民族学にくわしいルードベック（O. Rudbeck）に学び、頭角をあらわした。隊商の通路にあるロシアの了解を得、スウェーデンとペルシャの通商関係を深めるために、ロシアとペルシャへのスウェーデン派遣公使の秘書官となり、待望の大旅行をした後、役を果たした彼はペルシャで身をひいて東インド会社の上級外科医となりジャワのバタヴィア（現在のジャカルタ）へ、ついでシャムを経由して日本を訪れたのであった。ツュンベリーは、ルードベック教授（ケンペルの習ったルードベックの子）の教えを受けたリンネに医学、植物学を学び、学問修業のためライデンとパリを訪れたが、ライデンでリンネの紹介状で知った植物学者や富裕な商人から喜望峰および日本の珍しい植物を求められ、喜望峰、ジャワ経由で日本を訪れ、『喜望峰植物誌』と『日本植物誌』とが彼のライフ・ワークとなった。

シーボルトは一八二三年（文政六年）四月ジャワのバタヴィアに到着、日本でのオランダ商館長、いわゆるカピタンに伴う出島蘭館の医師として日本に向かうために六月二七日バタヴィアを発った。シーボルトが日本に派遣されるについては、オランダ側にも事情があった。

スペインを駆逐して東洋の海を圧していたオランダだが、英国は次第に勢いを増してきた。オランダは一七九四年フランス革命軍によって侵入され、オランダ連合軍の統領オラニエ公ウィレム五世（Willem V）は英国に亡命し、オランダはフランスの制度にならいバタヴィア共和国となった。フランス側に立ったバタヴィア共和国は英国に宣戦したが、英国はこれ幸いとオランダの植民地を奪おうと試み、オランダは喜望峰の戦いに敗れ、セイロンを奪われ、次第に貿易も勢いを失い、一七九九年には東インド会社は二〇〇年の生命を終え消滅し本国政府に植民地をゆだねた。一八〇二年英仏間に講和条約が成立し、バタヴィア共和国はセイロン島を失ったものの、他の植民地を再びとりもどしたが、植民地の争奪が英仏間に再びおこり、バタヴィア共和国は一八〇六年に終わり、ナポレオン一世は弟ルイ・ボナパルトをオランダ国王とした。一八一〇年フランスはオランダを併合し、ジャワも仏国の支配するところとなったが、英国はさらにジャワを奪った。オランダの商船は英国の追及をさけ、米国旗で擬装して長崎に来た。そのとき出島にいた商館長ズーフ（Hendrik Doeff 一七七七—一八三五）は苦心惨憺、オランダの再生、独立まで、経済的、精神的危機に耐えねばならなかった。この時オランダ国旗がひるがえっていたのは、広い世界で長崎の小さな人工の島、出島の天地のみだったのである。一八一三年ナポレオンがライプチッヒ会戦に敗れると、イギリスに亡命していたオラニエ公、ウィレム五世の子ウィレム六世は帰国し、ウィレム一世として新たに国王（在位一八一五—四〇）となり、ベルギーを合併してネーデルランド王国が一八一五年に成立した。

こうして安定したオランダはイギリス占領の旧植民地の返還をうけ、その復興に力を注ぐことになるが、そのため東洋のすべての事情、特に経済面を調査して、通商貿易の政策を一新する必要があった。その推進者は東インド総督ファン・デル・カペレン（Van der Capellen 一七七八―一八四八）であった。物産研究には当然自然誌研究が必要だった。政府は一八二〇年国立自然誌博物館をライデンに設立しこの方面に力を入れた。

テミンク（Coenraad Jacob Temmink 一七七八―一八五八）は父の代から鳥類についてくわしく標本を集めて研究していたが、オランダ東インド会社に勤めていた彼は一七九八年、情勢でオランダに帰らざるを得ず、アムステルダムにいた。ルイ・ナポレオンがオランダ国王になると彼はその侍従となった。テミンクはまたオランダ国立自然誌博物館の設立にあたり自己の持つ豊富な全コレクションをここに提供する条件で、初代館長となった。後にシーボルトの『日本動物誌』に携わるのはそのためである。次期の館長は、やはり『日本動物誌』を担当したシュレーゲル（Hermann Schlegel 一八〇四―八四）である。

自然誌研究の適任者シーボルトが日本に行くことに、東インド総督カペレンが熱中したのも無理はなかった。カペレンはジャワに来たシーボルトと食卓を共にし「君は第二のケンペル、第二のツュンベリーとなるだろう」とシーボルトをはげました。彼は終始シーボルトの理解者だった。シーボルトは彼を記念して下関海峡をファン・デル・カペレン海峡と名付けた。

三　長崎出島

シーボルトを乗せた三本マストの帆船「三人姉妹号」は僚船一隻と共に一八二三年八月八日長崎沖に到着した。

船はいつものように高鉾島《たかほこ》（蘭人の Papenberg）近くに錨を降ろした。検使とオランダ通詞（通訳官）とが小舟で来た。シーボルトのオランダ語があやしまれたが、オランダを低地ドイツというに対し、ドイツは高地ドイツなので、山《やま》オランダ人と訳されて彼の入国が認められたが、あやういところだった。数年前に当時は同じオランダ国とみられていたベルギーの医師が、発音がおかしいとあやしまれ入国拒否にあったことがあったという。シーボルトは八月一一日長崎出島に上陸、商館長ブロンホフ（J. C. Blomhoff）に迎えられた。

現在は周囲の埋めたてで陸続きの出島は、当時長崎湾に扇形をなして突出し、陸とは一つの橋でつながれていた。そこに番所があり、制札が立っていた。それによれば、一、傾城《けいせい》之外《のほか》女入事、一、高野《こうや》ひじりの外出家山伏入事、一、諸勧進のもの并《ならびに》乞食入事、一、断なくして阿蘭陀《オランダ》人出島より外へ出る事、などが禁止され、厳重に守らねばならなかった。阿蘭陀人は体よく軟禁されていた。丸山の遊女と真言宗高野山からの僧以外には許可なしには入れなかった。

独身だったシーボルトは九月になって丸山引田屋（後の花月楼）の遊女其扇《そのぎ》をいれて妻として待遇し家庭的な雰囲気にひたり、日本に暫くおちつくことを決心した。其扇は本名を楠本滝《たき》という。[15-17] 格式が高く華麗なうちにも見識を持つ引田屋抱え遊女のなかでも、一六歳の美貌のお滝さんはシーボルトを夢中にさせた。後には子供も生まれて、滝を妻として故郷に連れて帰りたいと思ったが、もちろん日本の法律が許さないことはわかっていた。シーボルトは滝をお滝さんとよび、その発音は「おたくさ」だった。シーボルトが出島に花壇を造り、寺の庭からもらったアジサイを植えたが、これを「オタクサ」と呼び後に学名を*Hydrangea Otaksa*（『日本植物誌』五二図）と名づけた。オタキサンバナの意味である。シーボルトがアジサイ類を好んだことは『日本植物誌』に多くの種を挙げ、また彼にアジサイ類のモノグラフの論文（*Hydrangeae* Genus）[8]もあることでもわかる。アジサイの項に、ただ和名オタクサとあるのをお滝さんの意味と明らかにしたのは、猪熊泰三によると、箱根底倉の蔦屋旅館の主人、箱根植物の研究家沢田武太郎[16]であった。箱根といえばツュンベリーもシーボルトも植物に親しむことができた縁のある土地だが、故沢田氏とその書斎を筆者はなつかしく思い出すのである。なおイソノキはソノギと名が似ているためかシーボルトはこれに学名*Rhamnus Sonogi*の名を与えている。

シーボルトは研究のあい間にピアノをひいて楽しんだ。そのピアノは今も日本に保存されている。故郷にシーボルトは手紙を書く。「小生はその後小さな出島で至極健康で家庭的生活に満足して博物学と医学の全分野にわたり、休息のいとまもなく動きまわっており、我が人生における最も幸福な毎日を送っております」[3a]。なお同年一一月一八日付叔父アダム・エリーアス・フォン・シーボルト宛の手紙に「私は当地で博物学と医学について毎週オランダ語で講義をしております。六年の間私は日本を去りません。日本について詳しく記述し日本（関係）博物館（Museum Japonicum）と日本植物誌を仕上げてしまうまでは決して当地を離れないつもりです。その時にはヨーロッパにおいて私どもシーボルト家の名誉となると私は信じています」[4a]と記す。

彼の名声は広まって多くの医師たちが通詞の召使という口実で出島に集まってきた。湊長安、美馬順三、三河出身の平井海蔵、やがて高良斎、二宮敬作、石井宗謙、伊東玄朴らが講義をうけた。その数は次第に増していった。シーボルトはその弟子たちの助けを借りて日本学を完成しようと考えていた。その研究の範囲が広いこと、オランダ側が彼にその完成を期待し、その待遇が厚かったこと、また、ツュンベリーの来朝当時は毎年おこなわれていた商館長の江戸参府旅行も当時は四年に一回しかなかったから、そのためシーボルトの日本滞在は長くならざるを得なかったことが幸いした。

商館長はブロンホフからシーボルトと共に日本に赴任したド・スチュルレル（Joan Willem de Sturler）に変わったが、スチュルレルも長崎奉行に対しシーボルトの優秀なことをつげ、病人往診や薬草の採集に市内に立ち入ることを願った。時の長崎奉行高橋越前守重賢の特別な取り計らい、出島係の町年寄の高島四郎太夫茂敦《しげあつ》（号秋帆《しゅうはん》一七九六―一八六六）とその兄弟の久松碩二郎、および通詞たちは、シーボルトの医療が特にすぐれ、多くの人々を親切に治療する人柄をみて、その取り締まりを今までになく寛大にした。

通詞目付に茂《しげ》伝《でん》之《の》進《しん》がいたことも幸いであった[24]。彼の父、節右衛門は通詞としてツュンベリーから外科や薬学の教示を受けたが江戸参府にも同行し、その話を父からきいた伝之進はよくおぼえていた。彼の庭にはツュンベリーが箱根から持って来たネズが植えてあった。またツュンベリーの鑑定した植物標本が彼の家に保存されており、学問に対する理解が父から子に伝えられていた。彼はツュンベリーから手紙や本をうけとって持っていた。伝之進は小さいときから植物を好み、シーボルトの植物採集にもたびたび同行し、シーボルトのためにさまざまな便宜をはかった。

一八二三年から翌年にかけての頃、シーボルトは出島に植物園を開き、日本の、また外国の植物を植えた。そこに彼の先輩、ケンペルとツュンベリーを記念する石を立て、その石にラテン文で次の文字をきざんだ[34]（『日本植物誌』の扉絵、本書七頁を参照）。

E. KAEMPFER
C. P. THUNBERG
ECCE! VIRENT VESTRÆ HIC PLANTÆ FLORENTQUE QUOTANNIS,
CULTORUM MEMORES SERTA FERUNTQUE PIA
Dr. VON SIEBOLD

ケンペル
ツュンベリー
見たまえ、あなたがたの植えた木はここに
緑に栄え毎年花を咲かせています
育てた人を忘れずに
そしてまごころをこめた花環をささげるのです
フォン　シーボルト博士（呉茂一氏訳）

この記念の石は移されて一時、諏訪公園の一隅に県立図書館に向かって立っていたが、今では再び出島の花壇の一隅に置かれている。

シーボルトは叔父への手紙とほとんど同時に、彼の植物学の師ともいうべきネース・フォン・エーゼンベックへも便りをしている。「毎週三回オランダ語にて博物学と医学の講義をしていますが、それには最優秀の日本の医師たちと通詞たちとが出席しています。日本人たちは小生の自然研究を大いに援助してくれ、殊に彼らが専心研究している植物学（本草）において然りです。こういう援助は特に語学に関して見られます。と申しますのは小生の弟子のうち二、三人は非常に巧みにオランダ語を話し、小生に徹底的に日本語を教え、その上少しシナ語（漢文漢字）すら教授してくれるからです。シナ語は植物の名を知る際に必要です。日本人は多くの植物にはいつも漢語の名称をつけるからです[3b]。」

四　鳴滝塾

文政七年（一八二四）シーボルトは出島を出て、いちはやく彼の弟子となった通詞の吉雄幸載の塾、楢林《ならばやし》栄建と宗建兄弟の塾に出張して講義をつづけ、また実際の医療を行うまでになった。しかしそれでも不自由だった。シーボルト自身の塾をつくる必要があった。長崎の氏神を祭る諏訪神社の元宮司の青木永章[12]、あるいはオランダ通詞中山作三郎[5]の別荘が長崎郊外の鳴《なる》滝《たき》（現在長崎市鳴滝町）にあった。それが町年寄と通詞らのはからいでシーボルトの塾にあてられた。

現在諏訪神社から北へ向かっていくと市電の停留所中川町があり、それから左へ曲がると長崎県立女子短期大学正門につきあたる。ここはもと長崎中学校、さらにそれ以前は越中哲也氏によると、唐通詞彭城《さかき》邸のあったところである。そこを左に廻っていくと中島川の上流、鳴滝川にかかる橋上にでる。川はそこで一段と落ち込んで水は音をたてて流れる。これを鳴滝と呼んだ。長崎のあちこちに京都を思わす名がつけられたが、鳴滝もその一つである[29]。ここの上流にそって少し歩けば鳴滝塾に出る。筆者はかつて中川町に住み長崎中学校生徒だったから、中学校と目の鼻の位置にある鳴滝塾跡によく遊びに行った。鳴滝塾の建物はすでになかったが敷地にシーボルトの胸像が建っていた。そこの裏は竹やぶで後方は土地が高くなって敷地の横から段々畑にそって上ると、城《しろ》の古址《こし》という港を一望できる丘に出る。その丘は一方に七面山、すなわち烽《ほう》火《か》山につづく。この丘は春になるとオキナグサ（『日本植物誌』第四図）が咲きみだれ、キブシ（同第一八図）の花をつけた枝がのれんのように垂れていた。

シーボルトは「まもなく鳴滝はヨーロッパの学問を愛好する日本人たちの集合地となり、美馬順三と岡研介はわれわれが設立した学園の最初の教師となった。この小さな場所から科学的教養の新しい光が四方に輝きわたり、これによってわれわれと日本国の関連は拡大された[4b]」という。

美馬順三（一七九五―一八二五）と岡研介（一七九九―一八

1859年、シーボルトが再来日した時の鳴滝塾（シーボルト記念館蔵）

三九）は最初に入門した弟子で特にオランダ語がよくできたばかりでなく、すぐれた人物で鳴滝塾の塾頭となった。シーボルトは一般に一週間に一回、塾に来た。他の日は塾頭が数多くの門人、特に寄宿生の面倒を見、教え、また患者を診た。シーボルトの門に入った伊藤圭介によれば、オランダ語の読書力は高野長英、文章会話は研介がすぐれていたという。シーボルトに面会を求める人は皆、研介の通訳を煩わした。

　鳴滝塾は文政七年（一八二四）から一二年まで六年間つづいて多くの俊才を出した。シーボルトは弟子たちに教えると共に、それぞれに研究のテーマを与え、それによって塾生には論文の記述形式を教える一方、日本についての彼自身の研究の材料とすることにしたのである。薬剤師ビュルガー（Heinrich Bürger 一八〇六？―一八五八）と画家ヴィルヌーヴ（フィーレネーヴェ Carel Hubert de Villeneuve）はシーボルトの要請でジャワから来た人物である[9-11]。

　ビュルガーはドイツのヴェーゼル川のほとり、ハノーファーのハメルンにサムエルとエヴァ夫婦の間の一〇人の子供の七番目として生まれた。ユダヤ系であった彼の家はキリスト教に改宗してビュルガーの姓を名のった。早くから父を失い苦学してゲッチンゲン大学に学んだというが、おそらく卒業せずに一八二三年アムステルダムに出て、同年九月船に乗りジャワにゆく、バタビアで病院の薬剤師見習となり、一八二五年三等薬剤師となったが待遇わるく、シーボルトが助手をジャワ総督に要請したのに応じて日本に来て自然科学の研究、特に物理、化学、鉱物学をシーボルトのもとで担当した。ビュルガーの集めた標本中にアジサイの変わった種をみて、シーボルトは、『日本植物誌』一一一頁にこれを記念して *Hydrangea Bürgeri* の学名を与え「日本の植物学のために多くの功績あるビュルガー博士」と記しているが、この博士号は大学から与えられたものではなく、おそらくそれまでの蘭医たちが日本の弟子に与えた免許証と取じような意味でシーボルトが与えたものであろう。

　ビュルガーと共に長崎に来たヴィルヌーヴはフランス系と思われる画家で、シーボルトのために多くの図を描いた。『日本』のなかのお滝さんの肖像画も彼による。ヴィルヌーヴはシーボルトが帰国した後もビュルガーと共に長崎に残って彼に資料や図や標本を送っている。一八三〇年、オランダ商館長メイラン（G.F. Meijlan）の第一六三回の参府にはヴィルヌーヴを江戸参府に伴っている。シーボルトの場合は人数の関係からヴィルヌーヴを江戸参府に伴うことができなかったが画家としては川原慶賀を伴っている。

五　江戸参府

　来日して二年半ばかりたって文政九年（一八二六）の二月に江戸参府の機会が来た。当時四年に一回しかない江戸参府は、日本研究にとって彼が待ちに待った最良の好機会である。ツュンベリーも日本植物の研究には、長崎附近の他は江戸往復の途中、また江戸での学者との交友が植物採集の大きな収穫となったのである。シーボルトにとっても、この機会を逃しては、日本研究は成り立たない。外人として総勢三人しかみとめられないから、商館長ド・スチュルレル、外科少佐シーボルト、随員筆者ビュルガーが行を共にした[11]。日本人としては大通詞末永甚左衛門、小通詞岩瀬弥十郎、他四、五人の通詞、使節の私用通訳として名村八太郎、通詞付筆者のなかには北村元助[20]、またシーボルトの調査の補助として塾生の高良斎、二宮敬作、画家の川原慶賀、動物や植物の標本製作のため弁之助、熊吉など、また、町医渡辺幸造と通詞の西慶太郎の二人の弟子は正式の通詞につく従者の名目で行った。一行は二月一五日長崎を出発した。いつもの参府旅行と同じように大勢でさながら大名行列である。

シーボルトは道々にみるすべてを学んでノートしたが、植物や動物、土地の測量など地理学的なことにもっとも気を配った。商館長やシーボルトは駕籠で長崎から小倉に出、それから船で下関に渡った。下関では瀬戸内海をゆく船の整備を待って暫く滞在したが、この附近のかつての門人や知人が集まってきた。弟子たちは長崎時代からの宿題の学位論文を持って彼のところに来た。これは参府途上で論文を手渡すとの条件で博士号（ドクトル）を与えておいたものである。塩田業を父にもつ門人杉山宗立《そうりゅう》は三田尻古浜の人、彼は「塩の製造について」、周防出身の井本文恭は「最も多く用いられる染料と織物の染方について」、高野長英（一八〇四—五〇）は「鯨ならびに捕鯨について」を呈出した。

高野長英は水沢藩の医家に育ち吉田長淑のもとに蘭方内科を学び、長英の長は師の長淑からもらったもの。一八二五年鳴滝塾に入り、翌年「日本における茶樹の栽培と茶の製法」、「南島志」を呈出してドクトルの称号を得た。長英は同じくシーボルトに学んだ小関三英とは最も仲がよかった。後に共に渡辺崋山と尚歯会の集まりで幕府の弾圧を受け、皆が若くして死んだのは惜しみてもあまりある。長英にはソバとジャガイモの二物について培養、性質、食用などを記した『二物考』があり、そのなかの植物図は渡辺崋山が描いている。

商館長とシーボルト一行の船は下関を出て室《むろ》に着き、それから陸路、大坂、高瀬舟で京都に行き、桑名に着いたのは三月二八日（旧二月二〇日）、翌日は昼食を宮（熱田）でとった。そこに水谷豊文は門下生の大河内存真と伊藤圭介兄弟を連れてシーボルトに会いに来て、多くの動植鉱物の標本や自筆の植物図集を見せた。これにはリンネ流のラテン語の属名が書いてあったためシーボルトを驚嘆させた。どうしてこれを知ったかとの問いに、豊文はリンネのオランダ語の書物をみて考案したのだという。このオランダ語の書物はホーティン（Martin Houttuyn）の『リンネ自然の体系』に相違ない。この宮での三人の日本の本草家（あるいは植物学者といってよいであろう）との出会いは重要な意味をもつことは後にも述べる。

四月七日（旧三月一日）は箱根越えである。晴天で、ケンペルのときもツュンベリーのときも愛想のよかった富士山はその全貌をあらわし、彼は種々の植物を集めたが、一行より一週間前に京都を立った江戸の医師で門人の湊《みなと》長《ちよう》安《あん》（？―一八三八）がここでも植物採集を果たしてくれていた。湊長安は奥州、石巻対岸の湊千軒村の出であり、吉田長淑の弟子で、大槻、宇田川両家にも学び、江戸で開業、シーボルトの来朝をきいて、ただちに長崎に赴き、ブロンホフの紹介でシーボルトの早期の門弟となり、江戸でシーボルト直伝の療法を初めて唱えた人である。

四月一〇日（旧三月四日）六郷川を渡り大森までくると、オランダ好きで有名な薩摩の島津重豪《しげひで》とその実子、中津の奥平昌高の両侯に迎えられ、品川までいくと桂川甫賢、宇田川榕庵らに迎えられ、江戸のオランダ宿、本《ほん》石《ごく》町の長崎屋に到着した。「四月一三日、日本の友人、医師多数来訪。私はたくさんの乾燥植物を貰ったが、特に高い教養をもつ桂川（甫賢）、またの名ボタニクスと、宇田川榕庵から貰ったものは優れていた」[4c]。「四月一七日、夜のひとときを幕府の医師桂川、通称ボタニクスと、ある大名（田村侯）の侍医大槻玄沢と共に過ごす。両名はオランダ人の友であり、ヨーロッパ学問の偉大な知己である」「四月十八日、幕府の天文方グロビウスも同様にヨーロッパの学問のすぐれた庇護者である。」とシーボルトは記す[4d]。

江戸での蘭医として大槻玄沢（一七五七―一八二七）、桂川甫賢（一七九七―一八四四）、宇田川榕庵（一七九八―一八四六）、また天文方の高橋作左衛門景保《かげやす》（一七八五―一八二九）は江戸で著名な蘭学者である。

馬場佐十郎がかつてある蘭人からアブラハムの名を貰ったので、友人の幕府天文方高橋作左衛門にも名をつけてほしいと馬場にたのまれた商館長ズーフは、ヨハネス・グロビゥスの名を与えて以来、多くの人の名付け親となり、桂川甫賢にはウイルヘルム・ボタニクスの名を与えた。ボタニクスは植物学者の意味である。甫賢は名門の桂川家にあって甫周に幼いときから可愛がられ、長じては幕府侍医、蘭語に巧みで島田充房、小野蘭山の『花彙《かい》』を蘭訳しシーボルトに贈った。これによってシーボルトの紹介で東亜最古の国際学会ともいえるバタヴィア芸術・科学協会の会員となった。国際学会の初めての日本人会員といえよう。『解体新書』の同人、杉田玄白と前野良沢、および桂川甫周と中川淳庵に教示をうけた大槻玄沢は当時、蘭学の大御所ともいうべき人であった。宇田川榕庵は西欧の植物学を入れて日本植物学の開祖ともいえる人であり『菩《ボ》多《タ》尼《ニ》訶経《カキヨウ》』をすでに著わしており、シーボルトとの会見の後に『植学啓原』『舎密開宗』を著わした。

シーボルトの一行は五月一八日（旧四月一二日）江戸を発って七月七日（旧六月三日）長崎に着いた。彼は旅の途中、植物、動物、鉱物の採集、標本製作、生品のバタヴィアやオランダへの輸送、人々からの標本の受けとり、門人からレポートを受けとること、測量や観測でいそがしかった。彼の周到さは旅の行く先々で旅館の主人にまでも植物をとらせ、帰途それを受けとるか長崎に送らせることに及んでいる。

シーボルトはもっとゆっくり旅をして、いろいろ見聞したかった。特に江戸に本拠をおいてそこから北の方にも行ってみたかった。しかしその強い願いは許可にならなかった。西欧人は三名であるが全体は大部隊である。この一行の日程を一日のばすのですら大変なことである。商館長スチュルレルには時間も心持ちも、あるいは経済も余裕がなかったし、前例のないこの申し出は日本側にも多大の反対があった。このことでシーボルトは商館長スチュルレルと衝突した。バタヴィアからの指令で、シーボルトに便宜を与えるつもりのスチュルレルも参府の本末転倒は気に入らなかった。この旅行ではシーボルトが目立ちすぎた。二人の気持ちはしっくりしなくなった。それにしてもこの参府旅行は一四三日かかった。ケンペルの第一回参府旅行が八〇日、ツュンベリーのそれが一一三日なので、スチュルレルも努めたともいえる。しかしシーボルトの参府旅行の終わりの七月七日（旧六月三日）の日記には「この困難な旅行を終えて再び無事に、使節が大層あこがれていた出島のわが牢獄に帰り着いた」と皮肉たっぷりに記している。スチュルレルはこの年帰国し、後任の商館長はメイラン（Germain Felix Meijlan）となった。

六　シーボルト事件

文政一一年（一八二八）シーボルトの任期が終わり帰国することになった。参府旅行から二年たっていた。前年長女いねが生まれていたので彼には別れが特につらかった。順調だったシーボルトの日本滞在も最後に思いもかけぬ不幸に見まわれる。荷造りを終え船にも積み込んだが、九月一八日（旧八月一日）のこと、暴風雨が起こり苦心して育てた出島の植物園も大きな被害を受けたが、それよりも彼の荷を積んだコルネリス・フートマン（Cornelis Houtman）号の碇綱が切れ、船は稲佐《いなさ》の浜辺に吹きつけられ難破した。船の荷は早速陸揚げされたが、彼の荷の中から国外持ち出し禁制の日本地図や将軍拝領の葵の紋付の小袖が出てきて大問題となった。地図の多くはとりあげられ、彼は日本追放をいいわたされ、一八二九年一二月三〇日長崎を出帆するコルネリス・フートマン号で日本を去った。この事件で多くの人が獄につながれたが、なかでも天文方で御書物奉行である高橋作左衛門景保はシーボルトに伊能忠敬の「日本輿地全図」の写しを渡し、クルゼンシュテルン（I. F. Kruzenshtern 一七七〇―一八四六）所有の書物などと交換していたのである。彼は捕えられ獄にあること数ヵ月、病を得て判決をまたず天保元年（一八三〇）二月一六日獄死した。時に年四六歳であった。その子、その下役は追放やその他の処罰にあった。

将軍拝領の葵の紋のついた小袖をシーボルトに贈った奥医土《は》生玄碩《ぶげんせき》（一七六八―一八五四）は閉門謹慎の身となったが、やがて御役をとかれ、伝馬町獄の揚り屋敷に入れられ、天保八年になり減刑で永蟄居を命ぜられた。玄碩は安芸の吉田の人である。代々眼科を業とした。一七歳のとき京都に出て和田泰純に医学を学び、後に大坂でも勉強して郷里に帰り開業、さらに学問を深めようと諸国を廻り大坂に出て開業、さまざま工夫をこらしてみると蘭方の正しいことを知り興味をまし、杉田玄白の家にとまったこともあった。治療がすぐれて人々に知られ、文化六年には将軍家に召しだされ侍医となり、一三年法眼となったのは四六歳のときであった。シーボルトが江戸に出たとき、四月二〇日（旧三月一四日）、シーボルトは幕府の侍医たちに、眼の解剖および眼の手術について講義し、ブタ（多分イノシシ）を使って実験した。また同月二五日には将軍の侍医、とくに眼科医つまり玄碩らの訪問を受け、眼科の機械をみせ瞳孔をベラドンナでひろげて実験をしてみせた。このベラドンナは薬剤として欧州からもってきたものだろう。玄碩はその眼科手術の巧妙さに驚き、特に開瞳剤の効力を見てそれを知りたいと思った。他日登城の帰途、シーボルトにまたそれをきいたとき、シーボルトは彼の着る徳川の葵の紋服を望んだ。それを与えて彼は薬名をきいたが蘭語か多分ラテン語でベラドンナをいったと思うがその語が彼にはわからない。その薬草が日本にあるかときくとシーボルトは「ある」と答えノートをくってみて、ただ「ミヤ」という語をくりかえした。宮駅（熱田）でシーボルトが水谷豊文に遇ったことを知った玄碩は、人をやってそれを尋ねると、それはハシリドコロとわかった。豊文がシーボルトに示したのが図であったか腊葉《さくよう》（押し葉、乾燥植物標本）であったか今これを知り得ないが、豊文がその学名をきいたのに対し、シーボルトはそれをベラドンナと思い、そう答えそれを自分のメモに記しておいたのではなかろうかと思われる。

関連の植物名を列記すると、

ベラドンナ（*Atropa Belladonna* L.）顛茄（欧州産）

ヒヨス（*Hyoscyamus niger* L.）天仙子（欧州原産、広範囲分布、中国にも産）

シナヒヨス（*Hyoscyamus agrestis* Kitaibel et Schultes）小天仙子　莨菪（中国の東北、河北産）

ハシリドコロ（*Scopolia japonica* Maxim.）（日本産）

これらの植物はすべて瞳孔を拡大する物質をもっており、いずれもナス科の近似のものだが属《ぞく》や種《しゅ》は異なる。ハシリドコロは属は異なるとはいえ外観はベラドンナによく似ていてヒヨスとはずいぶん異なる。シーボルトが我が国のハシリドコロをベラドンナと思ったことはまず間違いない[31]。

高良斎と二宮敬作は先の美馬順三、岡研介に劣らぬ重要な弟子である。そして最もシーボルトの信用する人物で日本を去るにあたっては、楠本滝との間に生まれたおいねをこの二人に托したのだった。

高良斎《こうりょうさい》（一七九九―一八四六）は阿波徳島の人、眼科医高錦国《きんこく》の養嗣子となった。本草を乾《いぬい》純水に学び一八一七年一〇月、一九歳の彼は願って長崎にゆき、西欧の学一般と医学を学び五年たつうち、シーボルトの来朝に接し勉学をつづけ、美馬順三、岡研介についで鳴滝の塾頭をした。彼が本草に通じていたこともあって、シーボルトは彼を頼みとした。昼は医事に従い、夜は翻訳や著述をした。『西医新書』一二巻、『西説眼科必読』九冊、『内障説』一冊、『銀海秘録』六冊などはそのほんの一例である。彼の著作はその中のシーボルトの字をけずることを拒否したため出版は許されなかった。

二宮敬作（一八〇四―六二）も四国の人、伊予国西宇和島郡磯津浦大安磯崎浦の農家の出で、若いときから医学を志し、一八一九年一六歳で長崎に行った。貧しくて、とても長崎に永く留まることができない。シーボルトは鳴滝の校舎に住まわせ、調査や翻訳で時々金を与えた。高良斎とは最も親しかったが、その風貌は対照的で、高良斎が容貌うるわしかったのに対し、彼は狆がくしゃみをした顔にたとえられた。しかし二人共に気迫に満ちて、塾生の尊敬を集めた。後に彼が郷里に帰って医業を行っていたとき、高野長英は脱獄して方々に潜んでいたが嘉永六年伊達侯を頼って宇和島に来て敬作にかくまわれた。また長州藩の医師村田蔵六（大村益次郎）が、敬作の推薦で藩主伊達侯に招かれ宇和島で塾を開いたときも親切にその世話一切をした。またシーボルトの遺子楠本いね（伊弥《いね》、伊篤《いとく》、稲）が頼ってきたとき、外科の知識をさずけて後、産科を修業させるため、シーボルト門人、岡山にいる石井宗謙《そうけん》（一七九六―一八六一）の許に送り、しばしばいねの教育や身のふり方の相談に高良斎を大坂に訪ね、またいねが岡山を去って長崎で開業をしているのを見て、宇和島につれ帰り村田蔵六に学ばせ、自身もオランダ語や産科学を教えた。いねは日本の女医第一号となり、シーボルトの姓を日本流にして志本いねと名のった。明治三年京橋区築地一番地で産科医を開業、明治六年宮内省御用掛。シーボルト門人岡山の石井宗謙との間に一女たかを生んだ。たかは敬作の甥、蘭学者三瀬周三に嫁いだ。

七　川原慶賀

川原慶賀《かわはらけいが》（一七八六―一八六二(18-23)）は通称登与助、諱《いみな》は種美、慶賀はその号、聴月楼主人ともいう。彼は出島出入り絵師だった。この職は各種の画を描き、長崎来航のオランダ人に土産品、記念品として売ることがゆるされているいわば職業画家である。シーボルトはいち早く彼の才能に目をつけ、彼を長崎出身のもっとも巧みな芸術家と評し、彼の絵を、特に植物画の場合には指導することもあったろう。慶賀はシーボルトのために多くの植物図、肖像画、風俗画を描いた。

慶賀の父は川原香山という。その仲のよい友人に唐絵目利《からえめきき》の長、荒木元融がいる。唐絵目利とは長崎奉行直轄の長崎会所に属する職業で、舶来している書画を鑑定し、価格を決定するばかりでなく外来の鳥獣薬種などを写生し、記録する役である。その役は世襲の四家で勤めるもので、荒木元融の養子の荒木如元と、実子の石崎融思《いしざきゆうし》（一七六八—一八四六）も共に唐絵目利となった。

父の関係で慶賀は一八歳上の石崎融思と親しかった。慶賀は父から絵を学んだが、融思からも得るところがあったであろう。おそらく融思の推薦で慶賀は出島御絵師となった。

仲間や多くの先輩から絵の知識を吸収し、オランダの絵も中国からの絵も多く見ることができ、出島に行って西欧の絵画の刺激も受け彼の画業は発達していった。シーボルト渡来以前、文政元年（一八一八）、商館長ブロンホフの家族を描いた「加比丹并妻子等之図」は傑作といわれるくらい彼の腕前は立派になっていた。シーボルトが来日すると、すぐ慶賀に注目したのは当然であり、彼に日本の植物を描かせることにした。シーボルトが呼びよせた画家のヴィルヌーヴの影響も慶賀の勉強となったであろう。

シーボルトの『日本植物誌』の植物図をみると画家の名が左端に多くは記してあるが、もっとも多いのはミンシンガーの名で、ヴィルヌーヴの名は二枚しかみえない。慶賀の名はどこにも記してないのである。ライデンの民族博物館と自然誌博物館の慶賀の絵は一部の動物図[33]を除き一般に動・植物画はすべて小さく、『日本植物誌』の原図に比べるべき立派なものは一つもなかった。

シーボルトが死ぬと『日本植物誌』のために彼自身の手もとにおいていた植物図集は一八七一年へレーネ・シーボルト夫人の手によってサンクト・ペテルブルクのロシア皇室アカデミーに売られた。このことは古くは当時もっとも著名な植物学者、アルフォンズ・ド・カンドルの『フィトグラフィー』（一八八〇）、また日本にもその名が知られたブレットシュナイダーの『欧州におけるシナ植物研究史』（一八九八）などに記され、日本でも伊藤圭介の孫、伊藤篤太郎などにも言及されたが、ロシア革命後はそれに関する報道も少なく、それを見た日本人の話もない。今は、ペテルブルクの植物研究所図書室に購入時のように八箱の入れもののなかにシーボルト・コレクション[30]として図が九八一枚収められている。そのうち川原慶賀のサイン入りの完成図が二四三枚ある。これをみるとシーボルトの『日本植物誌』の図はほとんどすべて慶賀の下絵によってドイツの画家が描いたことがわかる。その描き方は違っても、どちらがよい図かは人の見方によって違うだろう。結論として慶賀の図なくして『日本植物誌』は成立しなかった。

シーボルト事件が起ると、シーボルトのお伴をして江戸に行ったのに、見物人や患者などから心付や禁制の品をシーボルトが受けとったのを慶賀が知りながら、当局へ報告しなかったとの理由で罰せられた。文政一一年一二月二五日に入牢、翌年の一月二八日に牢を出たが町預けとなり、自由の身となったのは三月二五日であった。それで再び出島出入絵師として復帰、シーボルト帰国後、出島に残ったビュルガーの離日まではシーボルトのための仕事も続けている。

慶賀はシーボルトのための植物図の下書きをもとにして『慶賀寫眞草』上下二巻（一八三六）を出版した。上巻に草部二七図、下巻に木部二九図を含む。木版画ながらその図は正確で、特に花部の精密さが当時の植物図にまさっている。それには雌しべ、雄しべ、蕚片、花弁などの花の部分図のあるものが多い。部分図は日本ではじめて採用したと思われる飯沼慾斎の図より出版の上で二〇年も早い。伊藤圭介の『泰西本草名疏《たいせいほんぞうめいそ》』（一八二九）を多分参照して、慶賀は植物の学名、時にオランダ名を記し、さらに読者の便のため薬効などの用途も記している。

『慶賀寫眞草』は続けて数冊がさらに出版されるはずだったが未刊に終った。天保一三年（一八四二）六月に慶賀はオランダ人の依頼で西役所を図に写し、番船の幕にある細川家の九曜の星の紋、鍋島家の茗荷《みょうが》の紋を描いたが、これでは長崎警備の藩がわかってしまう。これは幕府の禁止に反することで、彼は九月一六日、お預けの身となり同月二一日手鎖の刑をいい渡され、一一月一三日に鎖はとけたが、江戸並びに長崎払となった。

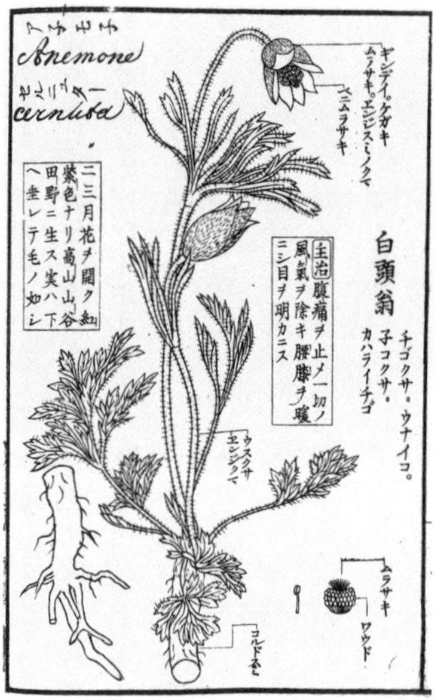

『慶賀寫眞草』よりオキナグサの図

彼の家は今下町にあったが、子の登七郎（盧谷）がそこで版画や銅版画をつくって売っていた。後に盧谷校として『慶賀寫眞草』の色刷版をつくって『草木花実寫眞図譜』と題して刊行したが、図はむしろ雑になった。

万延元年（一八六〇）に八四歳の永島きくの像を描いている。その落款に「七十五歳種美寫」とあるから慶賀が天明六年の生まれのことがわかる。その絵の立派なことをみると、彼の死は定かではないがその後二、三年後と思われる。彼は死ぬまで絵を描きつづけたと思われる。出版の年月は記していない。

石崎融思は自身の死まで慶賀の面倒をみた。『慶賀寫眞草』に序文を書き、また長崎の野母《のも》半島の先の野母崎の観音寺の天井画の花の絵を頼まれて描くときもその一部を慶賀に分担させている。

慶賀は二度罰を受けたとはいえ、幸福だったと思う。

八　日本から帰って

シーボルトは欧州に帰ってからも研究をつづけるつもりで、

新しい事実も知りたかったから親しい弟子たちにドクトルの学位免状を渡して宣誓書をかかせた。もちろんこの学位は大学が出すのではなく、シーボルト自身が出すので、昔から蘭医たちが日本の弟子たちに与えたようなものであった。宣誓書に

「フォン・シーボルト博士殿の門下生にて友人たる下記の者は、博士に対して次の通り約束致します。即ち今後、日本の事に関する自分たちの仕事である学術上の論文及び解説は、すべて博士の要請に基づき忠実かつ綿密に仕あげ、そしてこれを師フォン・シーボルト博士に対すると同様、全幅の信頼を寄するべき博士の友人C・H・ド・ヴィルヌーヴ氏を介して毎度、博士のもとにお届け致します。

長崎にて　一八二九年一二月二〇日」

こうしてシーボルトはビュルガーとヴィルヌーヴ両氏にも後を頼んで帰国の途についた。一八三〇年一月二五日バタヴィアに着き、もってきた標本を整理し、ここから多くの動物や植物標本をオランダに送った。また生植物でジャワのバイテンツオルフ植物園で気候馴化されたものも後に欧州に送られた。一八二五年に送っておいた茶の実がジャワではすでに何万本と育ちそれで作られた茶がオランダに送られていた。

一八三〇年バタヴィアをたって七月七日オランダに着くと騒然とした国情にあった。オランダ南部に革命がおこり、対ナポレオン戦でオランダと同盟して戦った英国、オーストリア、プロイセンは皆、今度はベルギーの独立を認める側にまわった。それで一八三九年にはオランダもベルギーを正式に独立国と承認せざるを得なかった。シーボルトの原稿や民族学資料はアントワープに、動植物の標本の一部がブリュッセルとガンにあった。彼は幸運にもこれらをオランダへもち帰れた。前から送っておいた標本はガンからライデンへ、また植物生品はライデン植物園に植えられていた。ただガンの植物園の管理部がシーボルト採集の植物六四種をすべて返却したのは一八四一年になってからだった。

母親の望みにもかかわらずライデン大学教授就任の要請を彼がことわったのは日本研究の完成のために時間が惜しかったからで、ライデンのラーベンビュルクの町に住み研究をつづけた。ジャワからつれてきた広東人の郭成章(『日本』に肖像画あり)は言語学的研究を助け、また彼がオランダに着いて一〇日たった頃、アントワープのホテルで知りあったホフマン(Johann Joseph Hoffmann)にも日本語の原典の翻訳を手伝ってもらうことにした。ホフマンは巡業中のオペラ歌手だったが、大学では言語学を勉強した経歴の持ち主だった。『日本』の最初の分冊、それは序文と地理に関するものだが、出版されたのは一八三二年の終わりの頃で、次年には『日本動物誌』が出はじめた。『日本植物誌』の計画もできあがった。これら膨大な書物の印刷には多額の経費がいる。それをどうするかを考え、彼はこれらの見本を欧州の宮廷、貴族、富裕な商人に見せて予約を求める旅に出た。これは日本旅行の成果の宣伝にもなった。

一八三四年サンクト・ペテルブルク（レニングラード）に行ったが、そこでクルーゼンシュテルン提督に会い地図を示すと、樺太が大陸とつながっているとしていた彼も、地図の間宮海峡をみて「日本人我に勝てり」といった。モスクワでシーボルトはニコライ一世に謁見を賜り業績を賞賛されたが、皇帝のすすめるロシア任官はことわった。プロイセンの首都、ベルリンでは大歓迎を受けた。叔父のエリーアス・フォン・シーボルトは一二年間ベルリン大学医学教授をしていて彼を迎えた。地理学者カール・リッターは彼を世界地理学の創始者アレキサンダー・フォン・フンボルトに紹介した。東洋学者ユーリウス・クラプロートとは「日本人の起源」の論文の問題でわだかまりがあったが、ここで和解した。ドレスデンでは王家の侍医カール・グスタフ・カールスは王家の人々に彼を紹介し、ウィーンではメッテルニッヒ侯爵の好意をうけて、フランツ老皇帝と皇后、数人の王子と一夕を過ごした。動物学者の叔父が活躍するミュンヘンでは植物学者ツッカリーニ（Joseph Gerhard Zuccarini 一七九七―一八四八）と知りあい、『日本植物誌』の共著者を得て、その研究や出版形式の目鼻がついた。

故郷のヴュルツブルクからヴァイマールに行き、シーボルトは旅を終えてオランダに帰り、彼の家を博物館として研究をすすめていった。『日本』第一分冊は彼がもっとも書きやすいドイツ語とまた同時にオランダ語訳発行、一八三八年には仏訳のものが出版されたが完結したのはドイツ語版である。『日本動物誌』、また一八三六年第一分冊を出した『日本植物誌』は共にラテン語の記載と、フランス語で書かれた観察とからなっている。それは販売範囲を考えたとき、ヨーロッパ諸国に広くゆきわたらせねばならず、上流階級や知識層の人には国際語として通用するフランス語が最も適していたからである。動物関係の材料はライデンの国立博物館の学者にその研究をまかせた。しかし植物関係の材料は自分と自身関係深いミュンヘン在住のツッカリーニとで研究することにした。ツッカリーニは後にミュンヘン大学の植物学教授となった人である。ライデン国立植物標本館（Rijksherbarium）の館長は植物学者ブルーメ（C. L. Blume）であった。シーボルトが帰国したとき国立植物標本館はブリュッセルのナムール街の一建物中に収容してあって、シーボルトの標本の一部はここに保管されていた。シーボルトがブリュッセルを訪れた数日後、館長のブルーメは休暇をとって若い妻と外国旅行にでかけた。その時ベルギー独立の運動が火をふいた。シーボルトは気が気でなく、文部省とかけあって苦心の末そこの全標本をライデンに移した。それは館長のブルーメの知らないことだったので、ブルーメの憤慨も理由があった。そのうち国立標本館そのものもライデンに移ったが、ツッカリーニが植物標本を見にライデンの標本館に来たときにブルーメとシーボルトはさらに気分がしっくりしなくなった。もっとも公に争いがあったわけではない。シーボルトは「彼（ブルーメ）は私とツッカリーニを骨抜きにし、編集のためにほんの貧弱な資料を国立標本館から渡すことにしか関心がなかった[3c]」と憤慨した。

ライデンの国立博物館の動物学者たちはシーボルトの功績と共にビュルガーの貢献を評価した。ビュルガーは一八三〇年から一八三五年にかけて日本の動物、植物の立派な標本をバタヴィア経由でライデンに送った。彼は一時一八三二年に日本からジャワに帰ってからも、茶の栽培やスマトラ西海岸への旅行をしたが、一八三四年再び日本に行き、同年多くの動植物の資料を船積みにして送った。

ブルーメは長年にわたる日本植物標本蒐集の功績をビュルガーの功績に帰した。シーボルトはこれに反発した。一八三九年自然科学委員会委員（Natuurkundige Commissie）のビュルガーの任命にシーボルトは反対した。[9] 一八四〇年ビュルガーはオランダに帰ったがシーボルトと彼の関係は冷たくなった。ビュルガーは一八四〇年来標本採集をやめた。彼はジャワに再び渡るが、経済の面で活躍したのである。米の脱穀、米油のジャワ及び附近の島々への供給、鉱山会社、砂糖工場などに力を入れた。一八五五年にはオランダに帰化した。ビュルガー（Bürger）から本式にビュルヘル（Burger）となったわけである。

シーボルトと冷たくなったビュルガーはオランダにいた頃、一八四一年か一八四二年に詩人ハイネにあった。ビュルガーはシーボルトと同じく日本に深い愛着を持っていた。シーボルトがお滝さんを愛したように、ビュルガーは楠本常《つね》、遊女名千歳を愛した。つねはお滝さんの五歳上の姉であるという。[10] たきの姉につね、よね、まさ、妹にひみ、弟善四郎がいる。ハイネはその『告白』（一八五四年）に「私の仲間のゲーテがいい気になって、シナ人がふるえる手でヴェルテルとロッテ（の愛人同士）をガラス絵に描くのを歌うならば、私はそれを一度は自慢していいと思うが、シナでの名声に、なおはるかかなたの童話的日本での私の名声を対置させてやることができる」として、ほぼ一二年前にパリのプリンスホテルで一人のオランダ人に紹介されたこと、その人は三〇年の長崎滞在を終えて帰ってきたところだったが、ライデンで博識なシーボルトと一緒に日本に関する大著を出版したビュルガー博士だったとし、この人は日本人にドイツ語を教え、その青年は後に私の詩を日本語に訳し出版した。それは日本語で出版された最初のヨーロッパの本だといったという。しかし出版のことはなにかの間違いであると詳しく調べた末、竹内精一氏は結論された。[10]

シーボルトは各国の政府ならびに学界の名誉を受け、三部作ともいうべき『日本動物誌』は一八五〇年、『日本』（ニッポン）は一八五四年に完成、『日本植物誌』第一巻は一八三五—四一年、第二巻は一八四二年にはじまり、死後四年の一八七〇年ミクェル（F. A. W. Miquel 一八一一—七一）によって出版がいちおう完成した。

一八五八年（安政五年）日蘭通商条約が成立し、シーボルトの追放令も解かれた。翌年六三歳のシーボルトは長男アレキサンダーをつれて英船で長崎に到着した。身分はオランダ貿易会社評議員だったが、一八六一年幕府の顧問として江戸に出て赤羽接遇所に滞在した。しかし、五ヵ月あまりで解雇された。一八六二年米船で横浜から長崎に向かい一月に着き四月長崎を去り、一一月バタヴィア発、翌年一月一〇日家族のもとに帰った[3]。彼は日本が開国にあたり、オランダと日本の国交、また諸外国と日本の関係の調節に使命を感じていた。しかし時代は急変し、幕府顧問の役も一時的であった。オランダもまた、オランダ代表との間の齟齬を恐れ、彼に帰国命令を出した。日本で久しぶりにあった滝は結婚していて、いねの他にも子をもっていた。彼自身も一八四五年ドイツで二四歳のヘレーネ・フォン・ガーゲルン（Helene von Gagern）と結婚し、アレキサンダーとハインリッヒ、マキシミリアンの三男子他に二女子を持っていた。アレキサンダーとハインリッヒは日本で外交官として活躍した。シーボルトは一八六六年一〇月一八日年齢七〇歳でミュンヘンに没した。最後の言葉「余は美しい国、平和の国へ行こう」と言ったとき、青春の日、船からかつて眺めた緑深い長崎の港が彼の眼前に浮かばなかっただろうか。

シーボルトの肖像（1875 年、エドアルド・キヨソネ画）

九　日本植物の西欧への紹介

シーボルトの植物学への貢献を二つに分けて考える。一つは日本植物を西欧あるいは世界に紹介したことである。これには新属、新種の記載がふくまれる。他の一つは西欧の植物学を日本に紹介したことである。

彼の日本渡来の以後の目的は日本学の樹立で、それはケンペルの仕事をついだもので、一個の人間で彼ほど精力的に日本を明らかにした人は誰もいないといってよい。ケンペルと彼の間にはツュンベリーがいるが、しかしツュンベリーは植物学に没頭し、彼の旅行記は立派ではあるが日本学を目ざしてはいない。またシーボルトの後にも一人でこれほどの規模で日本の姿を描くことは何人もなし得なかった。彼の三部作『日本』、『日本動物誌』、『日本植物誌』のうち、『日本動物誌』の研究はむしろライデンの国立博物館長テミンクらに研究を任せたが、植物は彼自身好んで研究してきた。ただまとめるにはツッカリーニの協力が必要であった。

西欧人で鎖国時代の日本植物研究に大きな足跡を残したの

は、ケンペル、ツュンベリー、シーボルトであるが、細かくみればケンペルの前にはドイツ人クライアー（Andries Cleyer）がいて、一六八二―八三年と一六八五―八六年と二回にわたりオランダ商館長として来朝し、一六八三年第四八回と一六八六年第五一回の江戸参府をしている。彼は日本の植物について書状でブランデンブルク侯の侍医メンツェル（Christian Mentzel）に書きおくり日本人にかかせた多数の日本植物図をも送っているがその図は種の同定もできないほど粗雑である。クライエルは論文に五三種の日本植物をあげ、またマイスター（Georg Meister）はその著『東洋、印度の技術と趣味の園芸家』（一六九二）に八九種の日本植物をあげた。

　ケンペルの『日本誌』は死後の出版だが、『廻国奇観』は生前出版された。後者の第五部には一頁大の見事な銅版画の植物図が二八枚もあり、ケンペルは少なくとも二五六枚の植物図を作ったといわれるから、ここに出ているものはそのごく一部である。彼の書物はいずれもリンネ以前なので、根本的には日本の本草の書と変わることがないが、ツュンベリーの仕事のよい手引きとなったのである。ケンペルの次に出たツュンベリーの『日本植物誌』（一七八四）は彼がリンネの弟子であるから全く近代化された植物学書となっており、日本の植物を彼が知る限り扱って学名を与え分類している。ついでシーボルト、ツッカリーニの『日本植物誌』がくる。その表題は『フローラ・ヤポニカすなわちDr・Ph・Fr・ド・シーボルトが日本帝国で採集し記載し、一部は現地で描かせた植物』で扉には「ロシア大公爵家の生れ、オラニエ王子妃アンナ・パウロウナ妃殿下にささぐ」と記されている。彼女を記念しキリに*Paulownia imperialis*（第一〇図）の学名を与えた。第一巻（一八三五―四一）は第一部として観賞植物と有用植物を含み、Dr・J・G・ツッカリーニによって分類されラテン語で記載され、シーボルトがフランス語で解説した一〇〇図の植物をあげ、第二巻（一八四二―七〇）はこれにつぎ第六分冊の一部（一八四四）まで続いたがツッカリーニの死で第六分冊の一分冊から第一〇分冊（一八七〇）までは「著者により未完成に残されたものを、F・A・G・ミクェル継続」として全体で五〇図の植物をあげている。これらは五図とか一〇図まとめた帙で売られたものを二巻にまとめたものである。これにくらべるとツュンベリーの『日本植物図集』（一七九四―一八〇五）は全部で五〇種の腊葉から描いた図でしかない。[32]

　シーボルトの計画は『日本植物誌』をさらに継続出版する意向であったろうが、多くの仕事を持った彼には無理であったし、出版の経済も成りたつものではなかった。それ故、最も一般の人が求め、彼も最も注目する園芸植物、有用植物を最初に第一部としてもってきたのである。その図が精密で美しいことは人々を驚かし、日本の植物への愛好をも強め、その植物を求めて欧米の庭園を飾る結果にもなった。日本産植物の図集でこれほど立派なものは日本の内外を問わず初めてだった。

シーボルトはすでに一八二七年に出島からボン大学の教授エーゼンベックに論文「出島における有用植物一覧」を送っている。この論文は多少の訂正増補して彼が帰国した一八三〇年にオランダの科学雑誌に発表されたが、四四七種をあげ、七五頁と大きな表二枚を伴っている。表には有用植物とその製品が用途別に分けて列記されている。日本で一九三四年復刻された。

またシーボルトは「古くまた新しく輸入された日本とシナの植物の名称表」（一八四四―四五）や「日本、東インド、西欧オランダの植物表とその価格表抜粋」（一八四八）を、オランダの園芸関係の年報に発表している。彼は一面において輸入植物を紹介し、また販売によって書物出版の費用の一助としたとも思えるのである。

最も植物学的な仕事は『バイエル科学アカデミーの数学、物理学雑誌』に発表したツッカリーニとの共著「シーボルト博士が日本で採集した新属植物」（一八四三）と「日本植物誌自然分科」（一八四五、一八四六）で前者は一二新属を記述、後者は多くの新種をふくむ八四七種の記載がある。

一〇　西欧の植物学の紹介

次にシーボルトが日本に西欧の植物学を紹介した功績について述べたい。彼は一八二五年一〇月に出島にあって、いち早く「日本植物学の現状について」の論文を書いた。それはドイツのボン学士院に送られ、その紀要の一六巻（一八二九）に掲載された。彼は日本人の植物知識を高く評価していう。「恐らく欧州を除いては他のいかなる国でも、日本およびシナより以上に、植物学の研究された所はない。而して日支両国では千年以上も前から極めて多数の植物の財宝が至る所の山や谷から集められ、食用、衣服用、家庭用、娯楽用に供せられた。日支両国では其各々が有する最も有用なる植物を互に輸入し合い、且復《かつま》た、僻陬の地、隣邦、又は島々から有用植物を得、此等を慎重に気候の変化に応じて栽培し、斯くして美しく又完全なる変種を作り出した。……尚又植物学同様、趣味嗜好上にも大関係する植木商が、欧州の何れの国よりも日本で発達して居ることを見れば、植物学者には不便極まれる状況の下にあり乍ら、ケンペル氏やツュンベリー氏が短時日の間に、欧州の科学を飾り得た所のものを蒐集し得たことは容易に説明し得よう。……然しツュンベリー氏が日本へ来た時の日本の植物応用方面の進歩の度は、当時の欧州の植物学の進歩と同程度、もしくは其以上である[8]」。

他方シーボルトはリンネ以後の植物学の発達が日本を引きはなした事をいって「勿論、植物学の理論方面が、欧州と同程度であったと云えば、其は誇張である。昔の日本植物学はツュンベリー氏の渡航時代にリンネ氏、ジュシュー氏、ルードヴィヒ氏、グレイディッチ氏及び其門下生の講義室で講ぜられて居た植物学の理論方面とは、比較にならぬほど程度が低かった[8]」と指摘している。
シーボルトの功績はリンネ以降の植物学を日本に入れたことである。特にその影響をもっとも受けた宇田川榕庵、伊藤圭介によってみよう。

宇田川榕庵（一七九八―一八四六）は美濃国（岐阜県）大垣藩の医員、江沢養樹の子として生まれた。江沢養樹は安岡玄真が蘭学者として大槻玄沢と並び称される宇田川玄随《げんずい》の養子となるときの世話をした縁故があった。それで玄真、すなわち宇田川榛斎《しんさい》は子がないために、江沢養樹に願って榕庵を養子とした。榕庵の学問は進んで馬場佐十郎にも蘭学を学んだ。ショメルの『厚生新編《こうせいしんぺん》』を基とした彼の知識は古いにもせよ西欧の学問の立場を理解し、文政五年（一八二二）正月には『菩多尼訶《ボタニカ》経《キョウ》』を著した。経の形式を借りて植物学（ボタニカ botanica）を説いたものである。しかしこの書物は動物と植物との似た点と異なる点を論じた簡単なものであった。出版の翌々年江戸でシーボルトにあった彼は、植物学の話がはずみ、シーボルトはおそらく江戸参府のこともあって、前年ヨーロッパ、バタヴィアよりとりよせた植物書を、彼に与えたり見せたりした[18]。彼はここに数種の西欧の植物書を参考にして『植学啓原』を執筆、これは一八三五年に出版された。西欧の植物学はここに日本に紹介されたのである。三巻のうち第一、第二巻は主として植物の形態をのべ、第三巻は生理、生化学をのべ、ついで植学啓原図が一一帖ある。第一八図に「林娜《リンネ》氏二十四綱」として図をあげてリンネの分類体系をしめしているが、植物誌、すなわち植物分類学に関することがらは少ない。一つには次に述べる伊藤圭介の書物がでていたからでもある。榕庵はとてもリンネのように動物誌、植物誌、鉱物誌を一人で整理することは不可能と思い、彼の興味はむしろ薬学的な立場から植物の成分の方に行き、日本最初の化学の本『舎密《セイミ》開宗』二一巻を天保八年に出版した。西欧の近代薬学は植物そのものを薬とする生薬《しょうやく》ではなく、有効成分の抽出に力がおかれていることは蘭方の人々が痛感したことで、化学の知識が今や要求されたからである。

伊藤圭介（一八〇三―一九〇一）は名古屋呉服町一丁目に享和三年、西山玄道の次男として生まれた[27]。伊藤家は美濃国可児《かに》郡《ぐん》久々利《くくり》の領主千村家の家老をつとめたことのある家柄だが、玄道は母の実家西山氏の養子となり、名古屋に出て医を業とした。玄道は本草好きで水谷豊文の弟子となり、大河内家に養子に行った長男の存真も、また伊藤家の養子となった次男の圭介も共に豊文に学び本草にくわしい一家であった。

水谷豊文（一七七九―一八三三）は名古屋の生まれ、父は尾張藩に仕え二百石、本草が最も好きで尾張の本草学の第一人者、儒者松平君山（一六九七―一七八三）に学んだ。藩の学校明倫堂で武芸、医術、絵画、茶の湯を広く学んだが蘭方医で吉《よし》雄《お》耕牛《こうぎゅう》の門人、野村立栄に蘭方を学び、さらに本草を医師浅野春道（一七七九―一八四〇）に学んだ。浅野春道は小野蘭山に本草を学び、長崎に行って医学も学んだ。豊文もまた京都にでて春道の紹介で蘭山に入門の手続きをした。二四歳の時隠居した父をついで馬廻役、二七歳から御薬園御用となり諸国に採集した。『物品識名』（一八〇九）、『物品識名拾遺』（一八二五）各二冊をつくり、本草であつかう四千余種をイロハ順に配列、和名漢名を対照したものである。未刊の著書多く、自分で描いた本草図は二百余に及んだ。

シーボルトが参府の途中、現在の熱田である宮駅に立ちよると存真、圭介をつれた豊文は、所有の標本や図をみせ、その学名を問うた。宮は昼食の休みに立ち寄ったのであった。時間がなかったシーボルトは宿泊地、池鯉鮒《ちりふ》に向かう駕籠の中でそれらを点検した。若い圭介は駕籠の側についていった。一行の参府の帰途にも三人は宮でシーボルトに会った。帰途は宮で参府の一行は宿をとったので、明方まで彼らは植物に夢中になるのだった。シーボルトは圭介に長崎に来るようにすすめた。圭介は翌年五月、まず江戸に出て宇田川榕庵の家に一月ほどとまり、共に日光に採集し、圭介は榕庵に別れを告げて榛名山、妙義山をまわり、信濃路、木曾路を通り名古屋に帰り、数日後、勇躍長崎に向かい、通詞吉雄権之助の家にとまり、シーボルトに面会した。シーボルトと圭介はツュンベリーの『日本植物誌』と豊文の『物品識名』とを照らし合わせて研究した。

文政一一年（一八二八）三月、圭介が長崎を去るにあたり、その年帰国を予定していたシーボルトは、彼にツュンベリーの『日本植物誌』を与え、またツュンベリーの旅行記からツュンベリーの肖像の出ている扉をとって分かち与えた。圭介が頭陀《ずだ》袋に大切に入れた『日本植物誌』は長崎を出て最初の宿、諫早《いさはや》で、つけてきた盗賊に盗まれたが、目的の大金でないため書物は宿の裏の竹藪に捨てられていた。圭介はほっとしたという。この話を圭介の孫の伊藤篤太郎博士の宅で、その実物の『日本植物誌』をみせていただきながら、博士御自身の口から聞いたことが私には懐かしく思い出される。

圭介はこのツュンベリーの『日本植物誌』をもとにして『泰《たい》西本草名疏《せいほんぞうめいそ》』[27]を書いて文政一二年（一八二九）に出版した。それは榕庵の『植物啓原』に先んじること六年である。この本によって初めてリンネの植物体系が紹介され、すべての植物に同等の形式の学名が記され、植物学あるいは日本自然誌の近代化がなされたのである。

徳川時代の初期、中国からの李時珍『本草綱目』によって活気づけられた日本の本草学は、時を経るごとに発展していった。植物は医薬として、産物として、すなわち本草学として研究され、また漢詩の理解のため名物学として発達し、そして園芸として発達してきた。しかし日本に産するすべての植物をあげ、それに統一した学名を与え、科学的に分類するということは、西欧の影響なしには行われなかった。ツュンベリーによって日本植物はそのように扱われたが、日本の学者がそれを習得したのは、シーボルトの助けによってであり、圭介の努力によってであった。
『泰西本草名疏』はツュンベリー著『日本植物誌』に書かれた学名をアルファベット順に並べ、そこに記された和名を検討したものが基本になっているが、それ以後の学問の進歩もある程度反映している。シーボルトの名づけた学名も一三ほどあり、たとえば *Cinnamomum Camphora* Sieb. クスノキのようにシーボルトの著者名もでているのだが、それには説明なく、またシーボルトの意見による学名が方々に○のしるしの下に書かれているが、その説明には「是本稚膽《ワカヰ》八郎ノ説ナリ」とし欄外の注には「稚膽八郎ハ伊豆ノ産今死スト云」とことわっている。稚はスイ又はジとよめるからスイボルト又はジーボルト（正しいドイツでの発音）をあらわす。圭介のこの本をみるとシーボルトの日本での植物研究の熱意がよくわかるし、彼がけっして植物についても浅薄な知識の持ち主でないことがわかる。

　師の豊文の『物品識名』が植物名をイロハ順で記したように、圭介の『名疏』はアルファベット順に種名をあげ、ただリンネの体系のどの綱目に属するかはそれぞれ記されている。圭介の書は日本植物学の基礎となり、他の功績も加わって東京大学員外教授となり、後に理学博士第一号となった。飯沼慾斎はこの書にも習い、リンネ分類体系により、また学名を用いて日本植物を集大成した図集『草木図説』を著わした。やがて西欧においても『名疏』と同じような形式で学名、和名、漢名を対照したホフマンとシュルテス（H. Schultes）共著の『日本及中国植物目録』（一八五三）が出た。

　日本開国の後は一八六〇年に函館附近を主に自身植物を採集したマキシモウィッチ（C. J. Maximowicz 一八二七—九一）の研究につづき、フランシェ（A. Franchet 一八三四—一九〇〇）とサヴァチェ（P. A. L. Savatier 一八三〇—九一）の『日本植物目録』（一八七五）が刊行され、やがて明治一〇年（一八七七）設立の東京大学で、矢田部良吉、牧野富太郎、松村任三らの研究へと続いていくのである。これらはツュンベリー、シーボルト、伊藤圭介を結ぶ線の延長の上にある。

終りに

　かつて筆者は講談社が『フロラ・ヤポニカ』を復刻出版するとき別冊として出版した『シーボルト「フロラヤポニカ」解説』のうち伝記を主とした「シーボルトと植物学」を担当して書いた。またその文は、他の生物学史関係の文と共に恒和出版『シーボルトと日本の植物』（一九八一）のなかに再収した。今ここに多少の書きかえをし、ある部を省略しまた川原慶賀の重要性がよりよくわかったため、それを増補したことをお断りしておくと共に多くの方々の御世話になったことを感謝する。

参考文献（注を兼ねる）

〈シーボルトの伝記〉 シーボルトに関する文献は甚だ多く、ここに一々記さない。本文は(1)〜(4)にもっとも負う。これらの書物には文献が多くあげてある。また「シーボルト関係文献目録」が Deutsche Gesellschaft für Natur und Völkerkunde Ostasiens: O.A.G. Kaempfer-Siebold Gedenkschrift. 1966 p.277-295 にある。また「日本におけるシーボルト関係文献目録」『シーボルト「日本」の研究と解説』講談社 一九七七、二二九—二五一頁を見られたい。

法政大学フォン・シーボルト研究会編『シーボルト研究』一号—五、七号 一九八二—九〇には多くの論文がある。同研究会編『法政大学第一回国際シンポジウム PH・FR・VON シーボルトと日本の近代化』一九九二法政大学はシーボルトの多面性をあらわす。

(1) 呉秀三『シーボルト先生其生涯及功業』吐鳳堂 一八九六、第二版 一九二六。次の版が入手に容易である。呉秀三（岩生成一解説）一—三巻 東洋文庫 平凡社 一九六七—六八。

(2) 板沢武雄『シーボルト』人物叢書 吉川弘文堂 一九六〇。

(3) ハンス・ケルナー著／竹内精一訳『シーボルト父子伝』創造社 一九七四、(a)二四頁、(b)二五頁、(c)九二頁。

(4) シーボルト著／斎藤信訳及び解説『江戸参府紀行』東洋文庫 平凡社 一九六七、(a)三〇七頁、(b)三〇九頁、(c)一九一頁、(d)一九六頁、(e)一九六頁。訳文は多少変える。

(5) 久米康生『鳴滝塾の悲劇と展開、近代日本の光源』木耳社 一九七四。

(6) 中西啓「シーボルト」『長崎のオランダ医たち』岩波新書 岩波書店 一九七五。

(7) 日独文化協会『シーボルト研究』岩波書店 一九三八。多くの著書論文のなかに M. Honda; Plantae Sieboldianae と題してシーボルトが研究した植物のリストがある。

(8) 中井猛之進『Siebold氏小論文三編の解説』東京文献刊行会 一九三八。Siebold博士著『一 日本植物学ノ現状ニツキテ、二 日本産あぢさゐ属各種ノ短評、三 日本植物書ノ例十種』の復刻本に附せられたもの。

〈ビュルガーの伝記〉

(9) Steenis-Kruseman, H.J.Van; Contributions to the history of botany and exploration in Malaysia. 8. Heinrich Bürger (?1806–1858) explorer in Japan and Sumatra, Blumea XL, 2, 495–505, 1962.

(10) 竹内精一「H・ビュルガーの生涯とハイネ」『防衛大学紀要（外国語学編）』二六輯 一九七三。

(11) 上野益三「ハインリヒ・ビュルゲル」『遺伝』二九巻七号。一九七五。

〈ケンペルとツュンベリーについて〉

(12) 木村陽二郎『シーボルトと日本の植物』恒和出版 一九八一のなかの「植物学者ツュンベリー」（一九—三二頁）。

(13) ドイツ日本研究所、サントリー美術館編『ケンペル展』一九九〇。なお片桐一男「ケンペルとその助手今村源右衛門」『学鐙』八八巻五号 一九九一参照。

(14) カール・マイヤー著／宮城真喜弘訳『東洋奇観』八千代出版 一九八〇、図八五、一五七頁。

〈楠本滝について〉

(15) 大庭耀「蘭館医シーボルトと遊女其扇」『長崎随筆』郷土研究社 一九二八。

(16) 沢田武太郎「おたくさとは果してシーボルト来朝時代に於いてアジサイに対する和名なりしか」『植物研究雑誌』四巻 一九二七。

(17) 猪熊泰三「お滝花と其扇の木」『学鐙』六八巻七号 一九七一。

〈川原慶賀について〉

(18) 古賀十二郎『長崎絵画全史』北光書房　一九四四、一八五―一九七頁。
(19) 猪熊泰三「川原慶賀と慶賀写真草について」『科学技術文献サービス』二三号　国立国会図書館　一九六八。
(20) 木村陽二郎「シーボルトと川原慶賀――植物図の関連」『蘭学資料研究会研究報告』三〇九号　一九七六。
(21) 兼重護「シーボルトと川原慶賀」『長崎談叢』五二号　一九七〇。
(22) 兼重護「川原慶賀のお絵像」『長崎談叢』五五号　一九七三。
(23) 木村陽二郎「レニングラードにあった幻のシーボルト・コレクション」『科学朝日』五一巻一一号　一九九一。このシーボルト・コレクションの全内容の出版が丸善によって実現された。* 動物学に関してはシーボルトがライデンの自然誌博物館の学者たちに研究をゆだねたため、川原慶賀の描いた動物の原図の一部は自然誌博物館にあることがすでに知られていたが植物でははじめてである。

〈交友たちについて〉

(24) 岩生成一「ツュンベリー研究資料補遺」『東方学論集』東方学会　一九七二。茂伝之進について述べる。
(25) 御江久夫「シーボルト事件に於ける散瞳薬」『宇部短期大学学術報告』一一号　一九七四、「補遺」一二号　一九七六。
(26) 石上禎一「シーボルトと日本植物、モトスケランの植物図絵を中心に」『植物と文化』一三号　八坂書房　一九七五。
(27) 木村陽二郎「伊藤圭介、泰西本草名疏解説」『泰西本草名疏』複刻本　井上書店　一九七六。
(28) 矢部一郎『「植学啓原」宇田川榕庵』講談社　一九八〇。

〈その他〉

(29) 数度の水害と町の発展で鳴滝もだいぶ私の中学生時代とは変った。もとの鳴滝塾の敷地の隣りに「シーボルト記念館」が設立され、二階は常設展示場となっている。平成一年一〇月一日から公開され、同館から「鳴滝紀要」第一号（一九九一）第二号（一九九二）が出版され、多くの論文や報告が書かれている。
(30) シーボルトは日本再遊のときも日本植物についての情熱を失っていない。一八六一年九月シーボルトは幕府に植物の写生画家を求めたので、幕府は狩野家十八軒から清水東谷（一八四一―一九〇七）を推薦した。東谷は赤羽接遇所に寝とまりして植物をシーボルトに請われて写生した。シーボルトの両親を描いた油絵をみて油絵に熱中し出し、シーボルトが長崎へ連れていこうとするのをことわった。そこでシーボルトが銀板写真を一枚見せると、東谷はこれに興味を持って写真術を習うため、シーボルトについて長崎まで行った。後に写真家として江戸や横浜で活躍した。彼の植物図は十数枚サンクト・ペテルブルクの「シーボルト・コレクション」にあり、慶賀に立体感は劣るが、その精細なことと構図はよりすぐれている。「謎の絵師「東谷」、のちの人気写真師」朝日新聞東京本社版　一九九二年六月一〇日付参照。
(31) 御江久夫「シーボルト事件における散瞳薬」『宇部短期大学学術報告』第一一号　一九七四、「補遺」第一二号　一九七六に詳しい。
(32) ただし、未出版の「日本植物図集」には既出版の図を含めて全部で三〇五種の図がある。
(33) 『ファウナ・ヤポニカ』すなわち『日本動物誌』の下絵となった、慶賀の描いた動物図はすべて美しい。次の書を参照。L. B. Holthuis・酒井恒『シーボルトと日本動物誌』学術書出版会　一九七〇。
(34) 石に刻んだ署名は、扉絵ではPH. FR. DE SIEBOLDとなっていることに気がついた。なお本訳文は、呉秀三氏の子息、呉茂一氏に木村が翻訳をお願いしたものである。

* Siebold's florilegium of Japanese plants, 3vols, Maruzen Co. Ltd., Tokyo, 1994. —— vol.1 Colour plates, vol.2 Articles and catalogue, vol.3 和文解説編（監修者・木村陽二郎、大場秀章）

シーボルトの『日本植物誌』

大場秀章

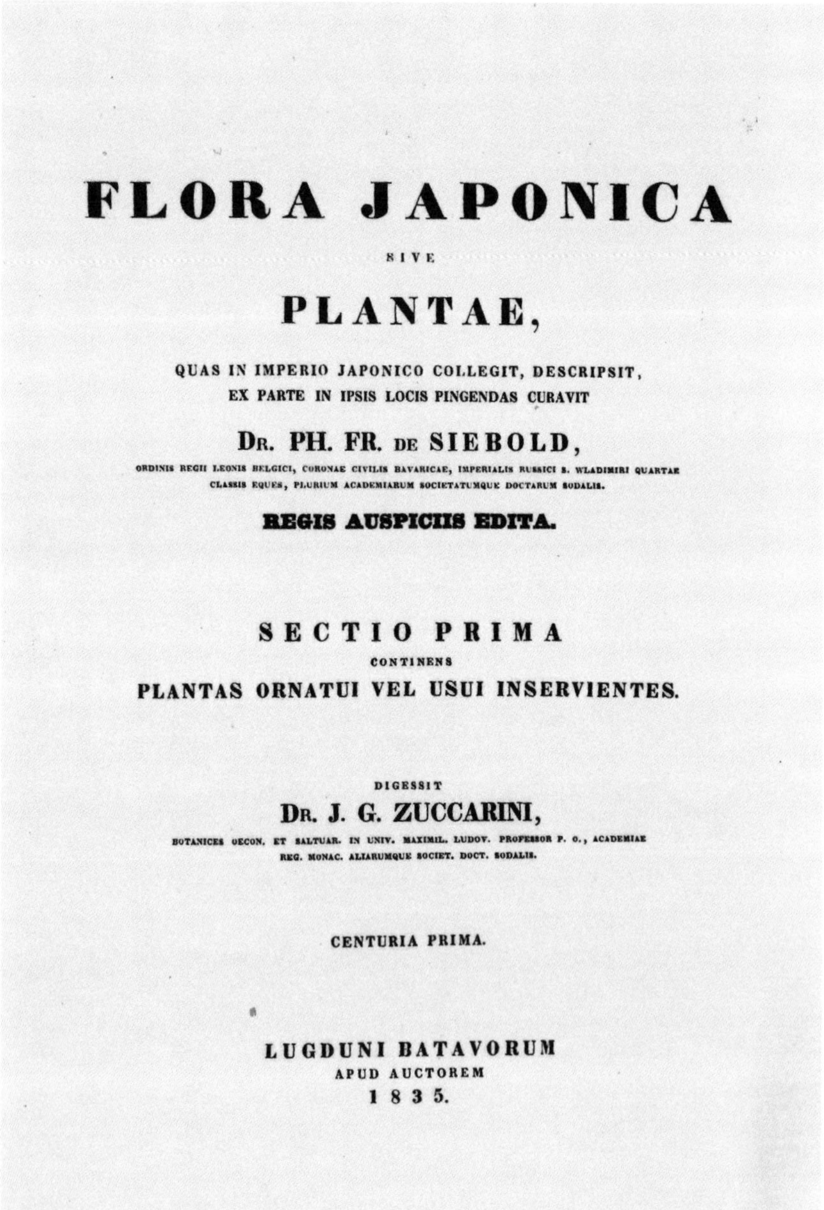

FLORA JAPONICA

SIVE

PLANTAE,

QUAS IN IMPERIO JAPONICO COLLEGIT, DESCRIPSIT,
EX PARTE IN IPSIS LOCIS PINGENDAS CURAVIT

DR. PH. FR. DE SIEBOLD,

ORDINIS REGII LEONIS BELGICI, CORONAE CIVILIS BAVARICAE, IMPERIALIS RUSSICI S. WLADIMIRI QUARTAE
CLASSIS EQUES, PLURIUM ACADEMIARUM SOCIETATUMQUE DOCTARUM SODALIS.

REGIS AUSPICIIS EDITA.

SECTIO PRIMA

CONTINENS

PLANTAS ORNATUI VEL USUI INSERVIENTES.

DIGESSIT

DR. J. G. ZUCCARINI,

BOTANICES OECON. ET SALTUAR. IN UNIV. MAXIMIL. LUDOV. PROFESSOR P. O., ACADEMIAE
REG. MONAC. ALIARUMQUE SOCIET. DOCT. SODALIS.

CENTURIA PRIMA.

LUGDUNI BATAVORUM
APUD AUCTOREM
1835.

図1　『日本植物誌』巻1の扉

FLORA JAPONICA

SIVE

PLANTAE,

QUAS IN IMPERIO JAPONICO COLLEGIT, DESCRIPSIT,
EX PARTE IN IPSIS LOCIS PINGENDAS CURAVIT

Dr. PH. FR. de SIEBOLD.

REGIS AUSPICIIS EDITA.

SECTIO PRIMA

CONTINENS

PLANTAS ORNATUI VEL USUI INSERVIENTES.

DIGESSIT

Dr. J. G. ZUCCARINI.

VOLUMEN SECUNDUM,

AB AUCTORIBUS INCHOATUM RELICTUM AD FINEM PERDUXIT

F. A. Guil. MIQUEL.

LUGDUNI BATAVORUM,

IN HORTO SIEBOLDIANO ACCLIMATATIONIS DICTO.

1 8 7 0.

図2　『日本植物誌』巻2の扉

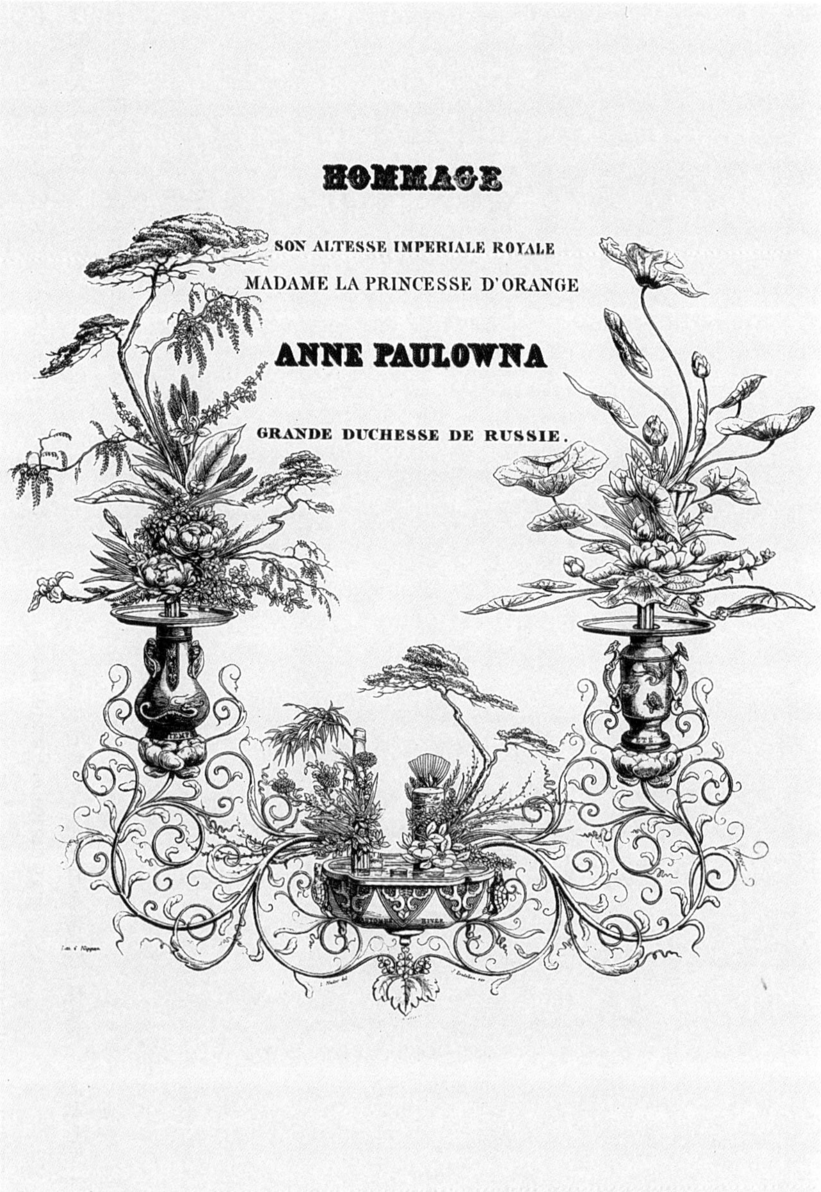

図3　巻1の扉に記されたパウロウナ公妃への献呈文

おそらくほとんどの日本人はシーボルトについて何がしかの知識をもっているにちがいない。それほど日本人にとってシーボルトは知名人である。

シーボルトに関係して広く知られているエピソードにお滝さん（楠本滝）とアジサイがある。シーボルトが植物や植物学に関心のあったこともまた多くの人の知るところである。

今日的にいえば情熱に燃えたマルチ人間だったシーボルトの全貌を掌握し紹介することは容易ではない。

さらに日本学ジャパノロジーのうえで、とくに重要なこの人物については、すでに膨大な文献が日本ならびに諸外国の研究者によって公にされている[1]。

本稿は、シーボルトの『植物誌』についての書誌的考察、ならびに今日的意義を述べたものである。また、共著者、ツッカリーニとミクェルについての簡単な紹介を試みた。

シーボルトの『日本植物誌』の書誌的考察

シーボルトの『日本植物誌』は二巻に分けて出版された。原著の表題は次の通りである。

〔巻一〕 Flora japonica sive plantae, quas in imperio japonico collegit, descripsit, ex parte in ipsis locis pingendas curavit Dr. Ph. Fr. de Siebold,（一部省略）. Sectio prima continens plantas ornatui vel usui inservientes. Digessit Dr. J. G. Zuccarini,（一部省略）. Centuria prima. Lugduni Batavorum apud auctorem 1835.

「日本植物誌または日本帝国で採集し、記載し、一部は現地にて描かせた植物 Ph・Fr・ド・シーボルト博士（一部省略）。第一部観賞植物あるいは有用植物からなる。J・G・ツッカリーニ博士（一部省略）記述 最初の一〇〇図版。ライデン 著者による出版 一八三五年。」（一三八頁、図1を参照）

〔巻二〕 Flora japonica sive plantae, quas in imperio japonico collegit, descripsit, ex parte in ipsis locis pingendas curavit Dr. Ph. Fr. de Siebold. Regis auspicis edita. Sectio prima continens plantas ornatui vel usui inservientes. Digessit Dr. J. G. Zuccarini. Volumen secundum, ab auctoribus inchoatum relictum ad finem perduxit F. A. Guil. Miquel. Lugduni Batavorum, in horto Sieboldiano Acclimatationis dicto. 1870.

「日本植物誌（以下同じ）。Ph・Fr・ド・シーボルト博士 王の後援のもとに編纂。第一部観賞植物あるいは有用植物からなる。J・G・ツッカリーニ博士記述。第二巻、遺稿を補充し、校訂して続刊、F・A・G・ミクェル。ライデン、シーボルト気候馴化植物園。一八七〇年。」（一三八頁、図2を参照）

表題から判ることは、日本でシーボルトの『日本植物誌』と通称されている著作は、正しくはシーボルトとツッカリーニの『日本植物誌』と呼ばれるべきものであることだ。植物学ではこの著書は、そのように引用される。

表題にはこの著作が観賞植物あるいは有用植物だけからなる、日本植物誌の第一部であることが明記されている。continens は、動詞 contineo に由来する現在分詞で、含むとか結合するという意味であるが、他の植物に混って有用植物を含むという意味ではない。観賞・有用（になると思われた）植物だけを第一部に集めたという意味が強い。第一部というからには当然第二部あるいはさらに第三部なども構想されたにちがいない。

私が見た無彩色本、さらには植物文献刊行会ならびに講談社の複製本には序にあたる部分がない。存在しなかったものと思われる。ただし、本文は五頁から始まっている。一頁から四頁に該当する部分が序として存在したのだろうか。それともそれに当る部分は表紙やパウロウナ公妃への献辞なのだろうか。サンクト・ペテルブルクのコマロフ植物研究所に収蔵されるシーボルト関係の遺品がこの謎を解く鍵になる可能性が高い(2)。

巻一と巻二の表題を見較べるといろいろな相違箇所がある。

まず表題に記された一八三五年と一八七〇年であるが、前者では第一巻の最初の分冊の刊行年であるのにたいして、後者では最終分冊の刊行年になっている。すなわち、巻一の表題には一八三五年と出版年が記されている。その年の一二月に本文の第一・二分冊と第一図版から第一〇図版が出版された。他方、巻二の表題のかかげられた扉頁は、最後の六―一〇分冊の出版された一八七〇年四月に印刷されたと考えられる(3)。三五年の歳月がこの二つの表題の間を経過している。しかもシーボルトはその間の一八六六年に他界している。ついでながら、両巻とも de Siebold と表記されているが、ヴュルツブルクの貴族の家に生れた彼の表記としては、Philipp Franz Balthasar von Siebold フィリップ・フランツ・バルタザール・フォン・ジーボルトが正式である。

巻一は著者による出版と書いてある。巻二はおそらくミクェルの手になると思われるが、シーボルトの死後ライデンにあったシーボルト気候馴化植物園がオランダ国王の援助を得て出版したものである。

巻一の〝著者による出版〟の著者とは誰か。apud auctorem の auctorem は単数で記されているので、シーボルト以外には考えられない。

巻二の Volumen secundum 以下の部分はシーボルトとツッカリーニの遺稿を整理してミクェルがあたかもすべてを出版したようにもとれるが、そうではない。ミクェルがその出版に手を貸したのは巻二の本文四五頁から八九頁にわたる第六から第一〇分冊と第一三七図版を除く、第一二八図版から第一五〇図版である(4)。このことについては後で再び述べることにする。

付け加えると巻二の表題では各文の終りにすべてピリオドが附されているなど、シーボルトとツッカリーニに対してミクェルの譲れぬ嗜好の違いも見い出される。

ここで瑣末とも思われることにこだわる理由を述べておこう。それは一般にはシーボルトの『日本植物誌』と呼ばれる書物は、シーボルトとツッカリーニそして一部はミクェルとの共著であることを書誌学上からも明らかにしたかったのである。この目的はすでに果たされたと思う。

シーボルトの『日本植物誌』の今日的意義

まず始めに述べておきたいことは、『日本植物誌』は単なる植物画集ではないことである。合計一五〇の図版に対して、巻一は一九三頁、巻二は八九頁、合計で二八二頁に及ぶ解説が与えられている。解説は、ツッカリーニおよび一部はミクェルによる当該植物の分類学的所見に係る部分、ならびにシーボルト自身による原産国日本での生育場所、利用などについての記述からなる。前者はラテン語、後者はフランス語による。ラテン語による記述は当時の学問的常識といえるが、一般に関心がもたれそうな部分をフランス語で記しているのは、広い範囲の読者層を得るという、本書出版の経済的事情も関係していると木村陽二郎博士は記している[5]。

本書の今日的意義は、従って三つの点から考究されるべきである。第一は、植物学、特に分類学的視点から、第二は民俗植物学あるいは植物文化的な視点から、そして第三は植物画《ボタニカルアート》としての視点からである。

a　植物学的意義　すでに記したように、『日本植物誌』は観賞植物あるいは有用植物を収めている。こうした植物は原産国にとどまらず世界中の植物学や園芸家の関心を引くものである。しかも、精密で美しい図を添えて、日本の有用植物を紹介したのだから、その効果は絶大であった。その意味では、シーボルトは、日本の植物を研究した大先輩であり、シーボルトが長崎の出島に設けた植物園の記念石に名を刻んだ、ケンペル（E. Kaempfer）そしてツュンベリー（C. P. Thunberg）の仕事を立派に継承し、発展させたといってよい[6]。必ずしも潤沢とはいえない出版経費の中で、シーボルトは植物学に関係する部分を切り詰めたりはしなかったように思われる。少なくとも『日本植物誌』を読んだ限りではそれは判らない。シーボルト自身の手だけになるものでないにしろ、シーボルトがあらゆる犠牲を払って『日本植物誌』の完成に献身したことは大いに評価されるべきことである。

このようなシーボルトの姿勢は日本の植物の研究水準を少なくとも当時の欧米の水準にまで引上げてしまった。歴史的に見れば、本書は、ケンペルやツュンベリーとは較べものにならない植物学的に精密な解析にもとづくものである。その正確において、現代に直接継続する日本植物の研究の出発点が、この『植物誌』であるといっても過言ではない。

シーボルトとツッカリーニは、この『日本植物誌』で数多くの新種を発表したばかりでなく、新しい属の設立も提唱している。後者の有名な例は、*Paulownia*（キリ属）であろう。この属名は、シーボルトが『日本植物誌』を献呈した[7]、パウロウナ公妃に因む。この属名は『日本植物誌』で正式に発表された。*Stachyurus*（キブシ属）、*Corylopsis*（トサミズキ属）、*Schizophragma*（イワガラミ属）なども本書でシーボルトとツッカリーニにより正式に発表された属である。

本書の植物学的記述を読んでみると驚くほど数多くの形質について研究がなされ、それを基礎に記述がなされていることが判る。その記述は今日から見ても誤りが少ないことに気付く。新属の記載では、その類縁関係が考察されているが、ウツギ属をスイカズラの仲間とはしないでアジサイ属に類縁があるとし、さらに、トサミズキ属、イスノキ属など多くが今日から見ても正しいと判断される結論が下されている。キブシ属、コウヤマキ属（*Sciadopitys*）、バイカアマチャ属（*Platycrater*）、クサアジサイ属（*Cardiandra*）などでは、当時の植物学としては画期的な根拠を論拠に新属としている点が大いに注目される。ただ、フサザクラ属（*Euptelea*）をニレの仲間としてしまったような、今日から見ると誤った結論に至った場合もないではないが、その数は少ない。

シーボルトとツッカリーニにより『日本植物誌』で正式に新しい種として発表された植物は多数にのぼる。新たに記載された新植物でも、後に異名とされたものはたいへん少ない。ただ、今日とは異なる命名規則によっているので、現行の国際植物命名規約によってのみシーボルトらの学名を判断してはならない。

ウツギの学名 *Deutzia crenata* Sieb. et Zucc. のように、学名の命名者によくみられる Sieb. et Zucc. はシーボルトとツッカリーニの学名表記に普通に用いられる命名者の省略形である。

Sieb. et Zucc. とある学名、すなわち、シーボルトとツッカリーニが命名した学名は、全部この『日本植物誌』で正式に発表されたものかというとそうではない。バイエルンの自然科学学会紀要に、一八四五年と一八四六年にツッカリーニと共著で発表した、「Florae japonicae familiae naturales.（日本植物誌分類大綱）」や、それに先立つ一八四三年に、同じ紀要に発表した「Plantarum, quas in Japonia collegit Dr. Ph. Fr. de Siebold genera nova（シーボルト博士日本採集新属植物）」にも共著で数多くの新植物を発表している。

シーボルトの『日本植物誌』でツッカリーニを共著者とする部分は、第二巻第五分冊で終っている。その刊行年は一八四四年だから、上記の一八四五年と一八四六年の論文は、ポスト『日本植物誌』であり、これらはシーボルトとツッカリーニの共同研究としては最後の著作ともなっている。ツッカリーニは一八四八年に他界してしまう。『日本植物誌』の第五分冊刊行後にこれらの著作が『日本植物誌』とは別個にまとめられ、バイエルンの学会紀要に発表されることになったいきさつは、興味深いが、筆者はこの問題に答える確かな資料をもっていない。『日本植物誌』をめぐるシーボルトとライデン国立植物標本館との間に何らかの確執を生じていたことが想像される。

ところで学名というものには必ずタイプが伴っている。種ならびに種内の分類階級である亜種や変種などのタイプは標本または図である。現在の「国際植物命名規約」によれば、記載に際してタイプを指定することが学名の有効出版の条件のひとつとさえなっている。シーボルトとツッカリーニが『日本植物誌』で命名発表した種や変種のタイプはどうなっているのだろうか。シーボルトの時代はタイプについてのこうした考え方はまだ確立していなかったのである。このような場合には、後代の研究者がシーボルトとツッカリーニが用いた標本や図からタイプを選定することになる。もし適当な標本や図がない場合は新たにタイプを指定しなくてはならない。

さらに、現実の問題として、シーボルトらが命名した植物が、先達のツュンベリーなどの命名した植物、さらには日本以外の地域から記載された植物と同種なのかどうか、というような異同をさらに詳細に議論するには、どうしてもタイプが研究上の大問題となる。タイプとされる標本の正体が何かによって分類学上の結論が異なってしまうこともありうるからである。

シーボルトとツッカリーニが『日本植物誌』で記載した植物のほとんどは図を伴っている。ところでこの図化や研究のもとになった標本は現存するのだろうか。そもそも図は標本から描かれたものなのだろうか。木村陽二郎博士によれば[8]、川原慶賀などが実物から描いた下絵が図版成立の過程で大いに参考にされているとのことである。

シーボルトの採集した植物標本は、その大部分がライデン国立植物標本館にある。Taxonomic Literature 第二版（Stafleu & Cowan, 1985[9]）によればその他に、ボゴール植物園、ブリュッセル国立植物標本館、ケンブリッジ大学、パリの自然史博物館などにも一部があることになっている[10]。ツッカリーニが研究・教育に携ったミュンヘンにもシーボルトの標本があるとされている。

シーボルトとツッカリーニは『日本植物誌』で新種を記載した際にタイプを指定していない。従って、後の研究者がタイプを選定しなければならない。この仕事はそのほとんどがいまもって残されている。日本の植物相を集大成する過程でこれは避けては通れないことであろう。その意味ではシーボルトの『日本植物誌』は、単なる過去のすぐれた文献のひとつというよりも、現代の研究課題であるともいえる。今後はライデンにあるシーボルト関係の標本を中心に、サンクト・ペテルブルク、ミュンヘンなどに収蔵される資料も参照するかたちでの植物学的な校訂・考察が望まれるところである。しかも、これを行うにあたっては日本植物についての十分な鑑識眼が不可欠であるのは言を待たない。

b　植物文化的意義　シーボルトの大きな貢献に日本植物の

海外への紹介と西洋の植物学の日本への紹介が挙げられる。後者は『日本植物誌』と直接の関係をもたないが、シーボルトが西洋の植物学を日本人に伝える過程で水谷豊文、宇田川榕庵ら日本の学者から有形、無形のかたちで収集した資料も『日本植物誌』執筆に駆使されている。

先にも述べたことだが、美図を伴ってなされたシーボルトの日本産植物のヨーロッパへの紹介は、各国に大きな影響を及ぼした。シーボルト自身も日本植物の販売カタログを配布して、流布に努めた。もっともこれは、『日本植物誌』出版の必要経費の一部とすることや、その販路を開くことにも、より大きな意義があったと考えられる[11]。

『日本植物誌』の本文は、ラテン語による純粋に植物学的な記述とフランス語による利用や日本での生育地の覚え書からなることはすでに述べた。後者は文責がはっきりしている二巻四五頁以降だけでなく、すべてシーボルトの手によるものと思われる。ここには日本滞在でシーボルトが収集した生のデータが十分に活かされている。いってみればシーボルトは並々ならぬ蘊蓄をここに傾けている。

江戸の文政年間という限られた時代ではあれ、当時の一般の人々の当該植物の利用のしかたやその植物についての知識など、いずれをとってもかけがえのない植物民俗学、植物文化史上の貴重な記録である。

シーボルトの記録にもとづく和名も、今日とは異なる場合、方言名としてのみ知られている場合、本書のみが記録する場合などがあって、興味深い。ここにその一例を示すと、シーボルトと関係深い、アジサイという和名は、今日のガクアジサイを指していることが判る。彼が、いわゆる装飾花からなる「アジサイ」型に残した和名は、「オタクサ」だけしかない。ガクアジサイを当時アジサイと呼んでいたのは本当だろうか。

『日本植物誌』は著名ではあるが、その解説の部分はいまだ日本語に翻訳されたことはない。多くの研究者や読者が共通の知識として共有するためにも、せめてシーボルトの手になるフランス語の部分だけでも、日本語訳を附した一冊の単行本として出版したいものである。これは、民俗学、特に民俗植物学の不滅の文献のひとつではないだろうか。今後の研究によって、シーボルトの記録の正確さやその奥行きの深さなどについての評価が待たれるところである。

C 植物画《ボタニカルアート》としての意義

『日本植物誌』の植物画《ボタニカルアート》としての第一の重要性は、植物画史にも残る、世界で最初の日本植物の本格的な植物画集であることだ。本書以前にもケンペルやツュンベリーによる図譜が出版されているが、学問的には価値があっても大方の評価を得るには至らなかった[12]。限られた標本・資料にもとづくものであり、それもやむを得なかったにせよである。『日本植物誌』の図版は第八五図版から九三図版、九九図版から一五〇図版、その他一部を除き、画家と彫版師の名が明記されている。画家として最も多数を描いたのは

Sebastian Minsinger である。その他、Victor Kaltdorff, H. Popp, Jos. Unger, F. Veith, de Villeneuve の名がある。彫版は Wilhelm Siegrist によるものが多い。Unger は自身の画作の彫版もしている。

ここに名をあげた画家や彫版師については筆者はほとんど情報の持ち合わせがない。ただ、Minsinger は『日本植物誌』の共著者のひとりツッカリーニの出版した「Charakteristik der deutschen Holzgewächse im Blattlosen Zustande」(二巻本、一八二九年、一八三一年)に合計一八の図版を描いている。これは『日本植物誌』出版開始に先立つ六年前である。ツッカリーニに贔屓のあった画家といえるであろう。

ケルナー[13]によれば、『日本植物誌』の最初の一〇図版はミュンヘンの石版印刷所で作成された。それらは、第九図版が、Minsinger と Villeneuve の共作によるほか、すべて Minsinger が原画を描き、Siegrist が彫版したものである。

シーボルトの『日本植物誌』は、出版当時から図版は高い賞讃を博していた。少なくとも最初の一〇図版が出版された一八三五年を念頭に考えれば、フランスではルドゥテが晩年の傑作『名花選』をその二年前の一八三三年に完成させ、亡くなる五年前でもあった。イギリスでは、カーチスの始めたボタニカル・マガジンがウィリアム・ジャクソン・フッカーの手に移った新シリーズIIの中期にあたる。画家であり著名な彫版師であるウォルター・フィッチの時代に重なる。

このように『日本植物誌』が出版された一八三五年頃は、植物画の全盛時代といってもよい時代である。他の優れた諸作品と比べて『日本植物誌』の植物画は決して引けを取ることはないといえる。

一部を除けば、その植物画は、植物画の条件として何よりも優先される植物学的正確さにおいて優れている。これはシーボルトが日本やヨーロッパで栽培中の生きた植物を観た経験とツッカリーニの精密な観察に多くを負っている[14]。

標本以外に参照する資料、特に生きた状態の写生図が存在した事実が木村陽二郎博士によって紹介されている[15]。なかでも、川原慶賀(登与助)など日本人絵師に依頼して描かせた写生図は、正確な植物画を作成するうえで大いに役立ったのではないだろうか。彼らにとっては日頃から馴れ親しんでいる植物であるだけに、核心に迫る画を描くことができた。

ところで『日本植物誌』の植物画を丹念に見ていくと、妙なアンバランスに気付く。それは全形図によく現われるのだが、部分部分のリアリティに比べて、全形図自体の構図や自然さが明らかに劣ることである。それは、下絵から原画を作制する段階で、原画を描いた画家の強い恣意が働いたことを想起させる。

木村博士の紹介したフジの例では下絵と原画の隔りは小さかったが、かといって下絵をそのまま原画としたわけではない。当時のヨーロッパの画家の想像力が及ばぬ特徴を日本の植物の多くが有していたといえる。

下絵をもとに作られた解剖図の一部はリアリティを失っていさえする。筆者は、はじめ『日本植物誌』に稚拙な全形図や解剖図があることから、Alessina（一九八二）の報告をみるまで、下絵はたいしたものもなく、その数も限られたものと思っていた。木村博士の報告は彼女の記述を裏付けるものである。

改めて『日本植物誌』を見て、部分部分にあるリアリティは、やはりライデンなどに収蔵される標本だけからはとても描けなかったと思う[16]。

手彩色による有色化は、当時のイギリスとドイツ各地で広く行われた手法である。シーボルトの『日本植物誌』の植物画には、ルドゥテのステップル法やバンクスの描かせた銅版彫刻による原色図と異なり、彩色のために黒い線による縁どりがなされている。つまり輪郭線のある図となっている。

多くの下絵を描いたとされる川原慶賀など、日本人絵師は、輪郭線のある植物画を描いたのだろうか。それとも輪郭のない写実的な画を描いたのだろうか。これは作画上ばかりか、絵に対する認識・意識の問題としても興味深い点である。

シーボルトの『日本植物誌』の最初の一〇図が刊行された一八三五年は、日本の天保六年にあたる。シーボルトとも面識のある岩崎灌園は、天保元年（一八三〇）に『本草図譜』の最初の四冊（巻五―八）を刊行した。灌園自身は絵心に優れていた。狩野派などの洗練された日本画とは異なるが、彼は個々の植物の特質をよくつかみ、またウエインマンの図譜などから見よう見まねで得た西洋の植物画のもつ構図法の技法なども取り入れ、独特の画風を確立したのである。

このように絵心という点では、シーボルトのそれと比べても遜色はないといえるが、植物画としては明らかに劣っている。植物にたいしての細部にわたる観察がなされていないため、葉の枝へのつき方や、その配列、花序など、肉眼で見ることのできる部分の描き方にさえ、あいまいな点が多々ある。

一八三五年からは二一年後の安政三年（一八五六）に飯沼慾斎の『草木図説』の刊行が始まる。これは灌園の『本草図譜』と並び、高い評価を受けている著作であるが、川原慶賀らがシーボルトを介して習熟したと考えられる技術はまったくといってよいほど受け継がれていない。

その印刷が木版彫刻によったという印刷上のハンディがあるとしても、これは時代遅れの出版物であり、評価できない。慶賀の技術が生きるためには、明治という新しいパラダイムをもつ時代の到来が必要だったのだろう。

このようにシーボルトの『日本植物誌』は、江戸時代の植物画には、インパクトを与えるには至らなかったのである。

共著者ツッカリーニとミクェル

先に述べたとおり、シーボルトの『日本植物誌』はツッカリーニという共著者を得て今日あるかたちになったのである。ミクェルはシーボルトとツッカリーニの没後に遺稿を整理して出版した。しかし、この二人の植物学者のことは存外日本では知られていない。

ツッカリーニ

その名前からはイタリア人のような印象を受けるが、ミュンヘンの植物学者である。

ヨゼフ・ゲルハルト・ツッカリーニ（Joseph Gerhard Zuccarini）は一七九七年（寛政九）生れで、一八一九年にシーボルトの故郷ヴュルツブルクから一〇〇キロほど東のエルランゲンの大学で医学博士号を得た。一八二三年にはミュンヘンの高等学院の植物学教授、翌年から二年間は同じ南ドイツのランドシャフトの大学の植物学教授となり、一八二六年にミュンヘンの大学の植物学教授、そして奇しくも『日本植物誌』の第一分冊が出版された一八三五年から農業と森林植物学の正教授となった。ツッカリーニがシーボルトと共同研究を開始するまでのツッカリーニの研究は新大陸産のカタバミ属やサボテン科植物、アガベ（*Agave*）やフォルクロイヤ（*Fourcroya*）属植物、それにバイエルン地方の植物の研究に従事していた。また、林学関係の教科書も出版している。

シーボルトは一八三四年夏から出版資金調達を目的としたヨーロッパ各地の宮廷への勧誘旅行に出向くが、ツッカリーニとはこの旅行のときに出会ったといわれている。

ツッカリーニは一八三五年四月一〇日発行の Allgemeine botanische Zeitung（植物学彙報）にシーボルトとの共同計画について書いている。

ツッカリーニはバイエルンの自然科学アカデミーの研究紀要に「Plantarum novarum vel minus cognitarum quae in horto botanico herbarioque regio monacensi servantur.（ミュンヘン植物園及び植物標本館収蔵の未知ならびに新植物）」という題の論文を一八三二年から五回に分けて発表している。

これはツッカリーニの植物学への貢献としては『日本植物誌』に匹敵するものである。興味深いのは、第一報から第三報（それぞれ一八三二年、一八三六年、一八三八年に出版）が一〇〇頁近いかそれを超える大作なのに『日本植物誌』に着手したと思われる第四報（一八四三年前後）と第五報（一八四六年前後）はともに三五頁ほどのもので、内容も雑多な報告を寄せ集めたという印象を受ける。

『日本植物誌』にツッカリーニが書いた植物学的解説はたいへん優れたものである。克明であり、それまでの文献についても言及している。惜しむらくは用いた標本が明記されていないことである。これはシーボルトの標本を保管するライデンから離れて研究を進めていたツッカリーニの研究状況を反映したものだろう。ツッカリーニは様々な事情からシーボルトの標本を完全には利用できなかったのではあるまいか[17]。

ツッカリーニは一八四八年、嘉永元年に『日本植物誌』巻二の完成を半ばにして他界した。わずかに五〇歳を越えたばかりであり、当時としてもそれは早い死であった。

ミクェル

ツッカリーニの死後、シーボルトの『日本植物誌』を手伝ったのがミクェルである。ミクェルが係った部分の出版は一八七〇年（明治三）だから、これはシーボルトの死後でもある。

フリードリッヒ・アントン・ヴィルヘルム・ミクェル（Friedrich Anton Wilhelm Miquel）は一八一一年一〇月二四日、現在はドイツに属するノイエンハウス（Neuenhaus、オランダ名は Nienhuis）の著名な医者の家に生れた。今年（一九九一年）は生誕一八〇年にあたる。ミクェルは、現在はオランダに属するフローニンゲン大学で医学を学んだ。卒業後二年ほどアムステルダムの病院の医師を勤め、一八三五年にロッテルダムで医学を教えた。その後、一八四六年にアムステルダムの医師養成大学の植物学教授となり、一八五九年から一八七一年までユトレヒト大学の植物学教授を務めるかたわら、ライデン国立植物標本館にも関係し、後年には館長をも務めた[18]。

注

(1) シーボルト関係の文献解題としては、Zaunick（一九七一）が詳しいとされるが筆者はこれを見ることができなかった。Zaunick, R. 1971. In: J. C. Poggendorff, Biogr.-lit. Handw.-Buck 7a(suppl.): 629-632. シーボルトおよびシーボルトとツッカリーニが報告あるいは記載した植物は、日独文化協会編『シーボルト研究』（一九三五年）五一八〜五九五ページに収められた本田正次博士の下記の論文が参考になる。Honda, M. Plantae Sieboldianae. A reviewed enumeration of the Japanese plants collected and described by Dr. Ph. Fr. von Siebold.

(2) Alessina, A. 1982. Index iconum originalium Ph. Sieboldii. Nov. Syst. Pl. Vasc. 19: 231-263. あるいは木村陽二郎「レニングラードにあった幻のシーボルト・コレクション」『科学朝日』一九九一・一二、三六—三九頁。Alessina はサンクト・ペテルブルクのコマロフ植物研究所が現在収蔵する旧シーボルト所蔵の植物画のリストを、マキシモウィッチ（Maximowicz）の同定にもとづいて作成している。

(3) 当時の慣習ではあったが、本書は巻一が二〇、巻二が一〇、合計三〇分冊として出版された。以下に Stafleu と Cowan (1985) に従い、その出版年代を記しておく。（一五〇頁の表を参照）

Stafleu, F. A. and R. S. Cowan, 1985, Taxonomic Literature, 2nd edit. 五巻、五八九頁。

(4) 注(3)を参照。巻二の表紙裏に Hujus voluminis paginas 1-44 curavit b. Zuccarini, sequentes F. A. Guil. Miquel, speciminibus plantarum siccis, tabulis et schedis a b. de Siebold relictis usus.〔シーボルトの残した植物標本、図およびメモを用いて、本巻の一—四四頁はツッカリーニ、残りの頁はF・A・G・ミクェルによりまとめられた。〕と記してある。このことからもミクェルが関与したのが四五頁以降であるのは明白である。

なお、講談社の複製本には一—四四頁とあるのは一—五四頁の誤植であろうとの注記がある。しかし、これは誤りである。本文四五頁からは、それ以前の部分とは明らかに異なる編集方針が採用されている。そのひとつは、フランス語による記述の部分にシーボルトの名が記され、文責が明らかにされていることである。

後述するように、ミクェルは Friedrich Anton Wilhelm Miquel であるから、F.A.W.Miquel であり、F.A.Guil. Miquel は別人であるかのような印象を受けるが、Guil. は Guillaume の略で、ドイツ語の Wilhelm や英語の William のフランス語形であり、明らかに同一人物である。

(5) 木村陽二郎、一九七六、「シーボルトと植物学」、シーボルト「フロラヤポニカ」解説、五―一六頁、講談社。

(6) 『日本植物誌』巻一の扉には、シーボルトが長崎の出島につくらせたこの石碑が背後や周囲にたくさんの植物を伴って印刷されている（本書七頁を参照）。図の下には、Monimentum, in memoriam Engelberti Kaempferi et Caroli Petri Thunbergii in Horto Botanico Insulae Dezima cura et sumtibus Ph. Fr. de Siebold positum MDCCCXXVI〔P・F・ド・シーボルトによって企画され、そして建立された出島植物園にあるエンゲルベルト・ケンペルおよびカール・ペーター・ツュンベリーの記念碑、建立一八二六年〕と記されている。呉秀三、一九二六、『シーボルト先生其生涯及功業』（一九六七年に『シーボルト先生その生涯及び功業』として東洋文庫に再録）に次の記述がある。

シーボルト先生は又和蘭東印度政庁の命を承け、長崎奉行に請ひて、（出島蘭語文書第一号参照）舎宅の近くなる出島の廃地若干歩を借りて植物園を開きたり。それは文政六年（一八二三）から文政七年（一八二四）へかけてのことなるべし。そは凡そ一町四方程の土地にして、先生の好みにて同形の花壇を左右均等に作り、和洋の植物花卉を風雅に植付け、培養し、日々門下の人々とともに植物の研究に従事せり。是も亦非常の特典なりしに相違なし。前に述べし通り出島の門には探番ありて出入する人の衣服身辺を検査し、先生の門人とても、植物の花葉などを携出することは八釜敷かりしが、伊藤圭介などは特に腊葉等を携帯して出入するを許されたりといふ（明治十二傑伊藤圭介伝）。植物園の傍には又厩をしつらへて、そこに狼・鹿・猪・猿を飼養する檻もありたり。

(7) 献呈文は、Hommage à son altesse imperiale royale Madame la Princesse d'Orange Anne Paulowna nêe Grande Duchesse de Russie〔献呈アンナ・パウロウナ妃殿下に、オランジュ公夫人にしてロシア大公爵出身〕。（一三八頁、図3を参照）

(8) 注(2)および(5)を参照。一九九二年四月に筆者もコマロフ研究所で、良好に保管されてきた五〇〇点以上に達する川原慶賀などの日本人絵師が描いた下絵を実際に見ることができた。同時に、下絵と対応する石版のための原画をも実見した。この原画が日本人絵師たちの下絵をもとに作製されたことは明らかである。

(9) Stafleu, F. A. and R. S. Cowan 1976–1988. Taxonomic Literature. 2nd edition. 7 vols. Bohn, Scheltema & Holkema, Utrecht. シーボルトについては 5：586-592 (1985).

(10) コマロフ植物研究所には植物画だけでなく、シーボルトが収集した標本も多数ある。その多くは彼の第二回の訪日時に採集ないしは収集した標本であり、筆者はその一部を一九九二年四月に実見した。東京大学総合研究博物館および都立大学牧野標本館にもシーボルトが集めた標本の一部が収蔵されているが、これらはコマロフ植物研究所との標本交換によって、先方から贈られてきたものである。

(11) ケルナーは、たくさんの色刷の挿絵と地図類付きの豪華な装丁を施した本の印刷は、政府、図書館などの予約金よりはるかに高額の費用を必要とし、出版が遅れたと記している。個人にはほとんど高峯の花だとも書いている。『日本植物誌』巻一は色彩版が八〇ターラー、無色版が四〇ターラーであったという。シーボルトは経済的援助を求めて、一八三四・三五年にヨーロッパの諸宮廷に勧誘旅行をしている。Körner, H. 1967. Die Würzburger Siebold. Eine Gelehrten familie des 18. und 19. Jahrhunderts. Johann Ambrosius Barth Verlag,

Leipzig.（竹内精一訳『シーボルト父子伝』として創造社から一九七四年に訳本が出版されている）。

(12) 今日ではケンペルやツュンベリーの図譜は入手困難であるが、朝日新聞社編、一九八七、『ボタニカルアートの世界』に数点が紹介されている。

(13) 注(11)参照。

(14) 前出のケルナー（一九六七）によればシーボルトは日本からの植物を栽培するために、レイデルドルプ付近の下ライン堤防に沿った温室付の庭園を購入したという。

(15) 注(2)を参照。前出のケルナーは「約七〇〇種はドゥ・フレネーヴェの指導のもとに、しかし大抵の植物は日本人の絵師により出島の庭園で……描かれた。」（竹内精一訳）と記している。

(16) Alessina (1982) は注(2)参照。ライデンにある国立植物標本館 (Rijksherbarium) に保管されるシーボルト関係の標本は数千点に達するであろう。一九八八年に日本・オランダ修好三八〇年を記念して開催された「シーボルトと日本」と題する展覧会に展示されたフジとキリの標本各一点がその図録『シーボルトと日本』九三頁に載っている。

(17) こうした事情を推測させる話としてよくいわれるのが、かつてのシーボルトの友人ともいえる、ライデン国立植物標本館長ブルーメ教授との確執である。前出のケルナー（一九六七）から引用しておこう。

「一八四二年秋にツッカリーニ教授はシーボルトと『日本植物誌』の編集をするために六週間の予定でライデンに来た。これは困ったことになった。ライデンの国立標本館長カール・ルートヴィヒ・ブルーメは、国費で入手したシーボルトの植物のコレクションをその保護下に収めたが、彼はこれをシーボルトの言葉を借りると「仮借なき利己的な爪で」手許にとめおき、「勝手に数人の他の仲間と一緒に最も美しい羽をむしり取ろう」と試みた。「彼は私とツッカリーニを骨抜きにし、編集のためにほんの貧弱な資料を国立標本館から渡すことしか関心がなかった」。従って、シーボルトの植物学の研究は、彼の押葉標本の「断片からしかか」まとめることができなかった」。

(18) ミクェルの業績や生涯については、Stafleu, F. A. 1966. F. A. W. Miquel, Netherlands Botanist. Wentia 一六巻一―九五頁がある。本稿のミクェルに関する記述は主にこの文献にもとづいている。

注(3)の表

sect.	parts	pages	*plates*	probable dates
1	1-2	5-28	*1-10*	Dec 1835
	3-4	29-40	*11-20*	Jan 1836
	5	49-64	*21-27*	1837 or early 1838
	6	65-72	*28-31*	Apr 1838
	7-8	73-84	*32-40*	Feb-Mar 1839
	9-10	85-100	*41-50*	Apr 1839
	11-12	101-116	*51-61*	late 1839
	13	117-120	*62-65*	22-29 Dec 1839
	14	121-132	*66-71*	1840
	15	133-140	*72-76*	1840
	16	141-148	*77-80*	Feb 1841
	17-18	149-160	*81-83*	Jan-Jun 1841
	19-20	161-193	*84-100*	1-12 Jun 1841
2	1	1-12	*101-105*	1842
	2	13-20	*106-110*	1842
	3	21-28	*111-115, 137*	late 1842
	4	29-36	*116-120*	Apr-Aug 1844
	5	37-44	*121-124, 124b, 125*	Apr-Aug 1844
	6-10	45-89	*128-136, 138-150*	Apr 1870

和名の記載なし
Acer palmatum Thunb. f. *leaeariloba* (Miq.) Sieb. et Zucc. ex Miq.

146-II～IV　チリメンカエデ（ムクロジ科）
Acer palmatum Thunb. ex Murray ssp. *matsumurae* Koidz. f. *dissectum* (Thunb. ex Murray) Sieb. et Zucc. ex Miq.
和名の記載なし
Acer palmatum Thunb. var. *decomposita* (Miq.) Sieb. et Zucc. ex Miq.

147　ウリカエデ（ムクロジ科）
Acer crataegifolium Sieb. et Zucc.
Urino Gade, Kara Kogi

148　ウリハダカエデ（ムクロジ科）
Acer rufinerve Sieb. et Zucc.
Kusi noki

149　ノグルミ（クルミ科）
Platycarya strobilacea Sieb. et Zucc.
和名の記載なし

150　サワグルミ（クルミ科）
Pterocarya rhoifolia Sieb. et Zucc.
Tso zoo Kurimi

同上

132 イヌガヤの一型（イチイ科）
同上
Cephalotaxus pedunculata Sieb. et Zucc.

133 イヌマキ（マキ科）
Podocarpus macrophyllus (Thunb. ex Murray) Sweet
inu mâki
Podocarpus macrophyllus (Thunb.) D. Don ex Lamb.

134 ラカンマキ（マキ科）
Podocarpus macrophyllus (Thunb. ex Murray) Sweet var. *maki* Sieb.
Ken sin, または Sen Baku, 一般に Inu Maki
Podocarpus macrophylla (Thunb.) D. Don ex Lamb. var. *maki* Sieb.

135 ナギ（マキ科）
Nageia nagi (Thunb. ex Murray) Thunb.
Te'en pe
Podocarpus nageia R. Br. ex Mirbel

136 イチョウ（イチョウ科）
Ginkgo biloba L.
Ginkgo, Gin an, 一般に Itsjô

137-1 ツガ（マツ科）
106参照
Abies tsuja Sieb. et Zucc.
-2 *Tsuga dumosa* (D. Don) Eichl.（マツ科）
Abies brunoiana (Wall.) Lindl.
-3 カナダツガ（マツ科）
Tsuga canadensis (L.) Carr.
Abies canadensis L.
-4 ドイツトウヒ（マツ科）
Picea abies (L.) Karst.
Abies excelsa Poir.
-5 カナダトウヒ（マツ科）
Picea glauca (Moench) Voss
Abies alba Michx.
-6 アメリカクロトウヒ（マツ科）
Picea mariana (Mill.) B. S. P.
Abies nigra Ait.
-7 ハリモミ（マツ科）
111参照
-8 エゾマツ（マツ科）
110参照
-9 カラマツ（マツ科）
105参照
-10 *Larix decidua* Mill.（マツ科）
Abies larix Poir.
-11 ヒマラヤスギ（マツ科）
Cedrus deodara (Roxb. ex D. Don) G. Don
Abies deodara Lindl.
-12 レバノンスギ（マツ科）
Cedrus libani A. Rich.
Abies cedrus Poir.
-13 ヨーロッパモミ（マツ科）
Abies alba Mill.
Abies pectinata DC.
-14 バルサムモミ（マツ科）
Abies balsamea (L.) Mill.
-15 ウラジロモミ（マツ科）
108参照
-16 モミ（マツ科）
107参照
-17 *Abies religiosa* (Kunth) Schlechtend. et Cham.（マツ科）
Abies hirtella Lindl.
-18 モミ（マツ科）
107参照
Abies bifida Sieb. et Zucc.

138 ブラジルマツ（ナンヨウスギ科）
Araucaria angustifolia (Bertol.) O. Kuntze
和名の記載なし
Araucaria brasiliana A. Rich.

139 ナンヨウスギ（ナンヨウスギ科）
Araucaria cunninghamii Ait. ex D. Don
和名の記載なし
Araucaria cunninghamii Ait. ex Sweet

140 シマナンヨウスギ，またはコバノナンヨウスギ(ナンヨウスギ科)
Araucaria heterophylla (Salisb.) Franco
和名の記載なし
Araucaria excelsa R. Br.

141 コミネカエデ（ムクロジ科）
Acer micranthum Sieb. et Zucc.
和名の記載なし

142 チドリノキ（ムクロジ科）
Acer carpinifolium Sieb. et Zucc.
Mei geto Momisi

143-I，線画1～4 ハナノキ（ムクロジ科）
Acer pycnanthum K. Koch
I，IIとも Kakure Mimo
Acer trifidum Thunb.，後に *Acer pycnanthum* K. Koch

143-II，線画5［右下の葉？］ トウカエデ（ムクロジ科）
Acer buergerianum Miq.
Acer trifidum Thunb.

144 ハウチワカエデ（ムクロジ科）
Acer japonicum Thunb. ex Murray
Kajede Mai gatsu, Fanna Momisi
Acer japonicum Thunb.

145 イロハモミジ（ムクロジ科）
Acer palmatum Thunb. ex Murray
Meikots
Acer palmatum Thunb.

146-I シメノウチ（ムクロジ科）
Acer palmatum Thunb. ex Murray f. *linearilobum* (Miq.) Sieb. et Zucc. ex Miq.

112　アカマツ（マツ科）
Pinus densiflora Sieb. et Zucc.
Me matsu, aka matsu

113　クロマツ（マツ科）
Pinus thunbergii Parl.
Wo matsu，または Kuro matsu
Pinus massoniana Lamb.

114　クロマツ（マツ科）
同上

115　ゴヨウマツ（マツ科）
Pinus parviflora Sieb. et Zucc.
Gojo no matsu. アイヌ語名は Tsika fup

116　チョウセンマツ（マツ科）
Pinus koraiensis Sieb. et Zucc.
Wumi matsu

117　イトヒバ（ヒノキ科）
Thuja orientalis L. 'Flagelliformis'
Ito sugi，または Itohiba, Hijoku hiba, Sitare hinoki（矮性品は Fime muro）
Thuja pendula（Thunb.）Sieb. et Zucc.

118　コノテガシワ（ヒノキ科）
Thuja orientalis L.
Konotega Siwa

119　アスナロ（ヒノキ科）
Thujopsis dolabrata（L. f.）Sieb. et Zucc.
Asu naro, Asufi, Hiba
Thujopsis dolabrata（Thunb.）Sieb. et Zucc.

120　アスナロ（ヒノキ科）
同上

121　ヒノキ（ヒノキ科）
Chamaecyparis obtusa（Sieb. et Zucc.）Sieb. et Zucc. ex Endl.
Hinoki
Retinispora obtusa Sieb. et Zucc.

122　サワラ（ヒノキ科）
Chamaecyparis pisifera（Sieb. et Zucc.）Sieb. et Zucc. ex Endl.
Sawara
Retinispora pisifera Sieb. et Zucc.

123　ヒムロ（ヒノキ科）
Chamaecyparis pisifera（Sieb. et Zucc.）Sieb. et Zucc. ex Endl. 'Squarrosa'
Sinobu hiba
Retinispora squarrosa Sieb. et Zucc.

124　スギ（ヒノキ科）
Cryptomeria japonica（L. f.）D. Don
Sugi
Cryptomeria japonica L. f.

124b の1，6～8　スギ（ヒノキ科）
同上

124b の2と3　エンコウスギ（ヒノキ科）
Cryptomeria japonica（L. f.）D. Don 'Araucarioides
Jenkosugi
Cryptomeria japonica L. f. variet. *araucarioides* Sieb

124b の4　ヨレスギまたはクサリスギ（ヒノキ科）
Cryptomeria japonica（L.f.）D. Don 'Spiralis'
Josisugi
Cryptomeria japonica L. f. variet. *spiralis* Sieb.

124b の5　エイザンスギ（ヒノキ科）
Cryptomeria japonica（L. f.）D. Don 'Uncinata'
Jeisansugi
Cryptomeria japonica L. f. variet. *tara* Sieb.

●　センニンスギ（図版なし）
Cryptomeria japonica D. Don 'Dacrydioides'
和名の記載なし
Cryptomeria dacryoides Sieb.

●　ヤワラスギ（図版なし）
Cryptomeria japonica D. Don 'Elegans'
To sugi, Jawara sugi
Cryptomeria elegans Veitch

125　ネズ（ヒノキ科）
Juniperus rigida Sieb. et Zucc.
Muro，または Nezu，または Sonoro matz

126　イブキ（ヒノキ科）
Juniperus chinensis L.
Tatsi bijakusin, または Sugi bijakusin, または Ibuki（葉が黄金色の園芸品種は ukon ibuki，黄金色の斑入品は hatsi bijakusi）

127-Ⅰ，Ⅱ，Ⅳ，線画1～6　イブキ（ヒノキ科）
同上

127-Ⅲ　ハイビャクシン（ヒノキ科）
Juniperus procumbens Sieb.
Hai Bijah Kusin，または Bai-bi-jak'sin

128　イチイ（イチイ科）
Taxus cuspidata Sieb. et Zucc.
Araragi, Itstii noki

129　カヤ（イチイ科）
Torreya nucifera（L.）Sieb. et Zucc.
Kaja

130　イヌガヤ（イチイ科）
Cephalotaxus harringtonia（Knight ex F. Forbes）K. Koch
Inu Kaya，まれに Bebo Kaja，または De bo gaja，または Kja Raboku, Mominoki
Cephalotaxus drupacea Sieb. et Zucc.

131　イヌガヤ（イチイ科）

89　マテバシイ（ブナ科）
Lithocarpus edulis (Makino) Nakai
Mateba si, Satsuma si
Quercus glabra Thunb.

90-Ⅰ，Ⅱ，線画1～4　ニワウメ（バラ科）
Prunus japonica Thunb. ex Murray
Niwa mume，または Ko-mume
Prunus japonica Thunb.

90-Ⅲ　ニワザクラ（バラ科）
Prunus glandulosa Thunb. ex Murray
Niwa sakura
Prunus japonica Thunb. (var. *floribus plenis*)

91　ツルニンジン（キキョウ科）
Codonopsis lanceolata (Sieb. et Zucc.) Trautv.
Tsuru ninzin
Campanumoea lanceolata Sieb. et Zucc.

92　ツルアジサイ（アジサイ科）
59-Ⅱ参照
Hydrangea bracteata Sieb. et Zucc.

93　ハマボウ（アオイ科）
Hibiscus hamabo Sieb. et Zucc.
Hamabô

94　イスノキ（マンサク科）
Distylium racemosum Sieb. et Zucc.
Kihigon，または Hijon noki

95　ミツバウツギ（ミツバウツギ科）
Staphylea bumalda (Thunb.) DC.
和名の記載なし

96　ヒメシャラ（ツバキ科）
Stewartia monadelpha Sieb. et Zucc.
Jama tsjà
Stuartia monadelpha Sieb. et Zucc.

97　ビワ（バラ科）
Eriobotrya japonica (Thunb. ex Murray) Lindl.
和名の記載なし
Eriobotrya japonica (Thunb.) Lindl.

98-Ⅰ，Ⅱ，線画1～11　ヤマブキ（バラ科）
Kerria japonica (L.) DC. f. *japonica*
Jama buki，ただし一重咲き（Ⅰ，Ⅱ）を Hitoje jamabuki, 斑入品を Fuiri jamabuki, 八重咲き（Ⅲ）を Senjô jama buki と呼ぶことがある。

98-Ⅲ，線画12と13　ヤエヤマブキ（バラ科）
Kerria japonica (L.) DC. f. *plena* C. K. Schneid.
Kerria japonica (L.) DC. (var. *floribus plenis*)

99　シロヤマブキ（バラ科）
Rhodotypos scandens (Thunb.) Makino
Siro jamabuki
Rhodotypos kerrioides Sieb. et Zucc.

100-Ⅰ　イワガラミ（アジサイ科）
Schizophragma hydrangeoides Sieb. et Zucc.
和名の記載なし

100-Ⅱの1，2，3　ハマビワ（クスノキ科）
87参照

100-Ⅲの1～12　クスドイゲ（イイギリ科）
88参照

101　コウヤマキ（コウヤマキ科）
Sciadopitys verticillata (Thunb. ex Murray) Sieb. et Zucc.
Kôja maki
Sciadopitys verticillata (Thunb.) Sieb. et Zucc.

102　コウヤマキ（コウヤマキ科）
同上

103　コウヨウザン（ヒノキ科）
Cunninghamia lanceolata (Lamb.) Hook.
Liûkiû momi，または olanda momi
Cunninghamia sinensis R. Br.

104　コウヨウザン（ヒノキ科）
同上

105　カラマツ（マツ科）
Larix kaempferi (Lamb.) Carr.
Fuzi matsu，まれに Karamats. Kûi はアイヌ語名か？
Abies leptolepis Sieb. et Zucc.

106　ツガ（マツ科）
Tsuga sieboldii Carr.
Tsuga，または Toga matsu
Abies tsuga Sieb. et Zucc.（図版には *Abies tsuja* とある）

107　モミ（マツ科）
Abies firma Sieb. et Zucc.
Tô momi

108　ウラジロモミ（マツ科）
Abies homolepis Sieb. et Zucc.
Sjura momi，または ûra siro momi

109　モミ（マツ科）
107参照
Saga momi
Abies bifida Sieb. et Zucc.

110　エゾマツ（マツ科）
Picea jezoensis (Sieb. et Zucc.) Carr.
Jezo-matsu. アイヌ語名は，Sjung または Sirobe
Abies jezoensis Sieb. et Zucc.

111　ハリモミ（マツ科）
Picea polita (Sieb. et Zucc.) Carr.
Toranowo, toranowo momi
Abies polita Sieb. et Zucc.

Hydrangea hirta (Thunb.) Sieb.

63 タマアジサイ（アジサイ科）
Hydrangea involucrata Sieb. f. *involucrata*
藤色花は ginbaisoo, 黄色花は kinbaisoo

64-I ギョクダンカ（アジサイ科）
Hydrangea involucrata Sieb. f. *hortensis* (Maxim.) Ohwi
Hydrangea involucrata Sieb. (monstr. *floribus omnibus plenis*)

64-II，線画1～8 タマアジサイ（アジサイ科）
63参照

65 クサアジサイ（アジサイ科）
Cardiandra alternifolia Sieb. et Zucc.
Kusa-Kaku

66 クサアジサイ（アジサイ科）
同上

67 ゴンズイ（ミツバウツギ科）
Euscaphis japonica (Thunb. ex Murray) Kanitz
Gonzui, Kitse no tsjabukuro
Euscaphis staphyleoides Sieb. et Zucc.

68 ミヤマシキミ（ミカン科）
Skimmia japonica Thunb.
Mijama Sikimi

69 ユキヤナギ（バラ科）
Spiraea thunbergii Sieb. ex Blume
Juki janagi, Iwa janagi
Spiraea thunbergii Sieb. et Zucc

70 シジミバナ（バフ科）
Spiraea prunifolia Sieb. et Zucc.
Fage bana

71 ギョリュウ（ギョリュウ科）
Tamarix chinensis Lour.
和名の記載なし

72 フサザクラ（フサザクラ科）
Euptelea polyandra Sieb. et Zucc.
Fusa Sakura. Koja mansak と呼ぶ地方もある

73 ケンポナシ（クロウメモドキ科）
Hovenia dulcis Thunb.
Kenponasi

74 ケンポナシ（クロウメモドキ科）
同上

75 フジモドキ（ジンチョウゲ科）
Daphne genkwa Sieb. et Zucc.
Fudsi modoki, Sigenzi

76 ムベ（アケビ科）
Stauntonia hexaphylla (Thunb. ex Murray) Decne.
Mube, Tokifa akebi, ikusi
Stauntonia hexaphylla (Thunb.) Decne.

77 アケビ（アケビ科）
Akebia quinata (Houtt.) Decne.
Akebi, Akebi Kadsura
Akebia quinata (Thunb.) Decne.

78 ミツバアケビ（アケビ科）
Akebia trifoliata (Thunb.) Koidz.
Mitsuba akebi
Akebia lobata Decne.

79 アカメガシワ（トウダイグサ科）
Mallotus japonicus (Thunb. ex L. f.) Muell. Arg.
Akamegasiwa, Adsusa
Rottlera japonica (Thunb.) K. Spreng.

80 モッコク（サカキ科）
Ternstroemia gymnanthera (Wight et Arn.) Bedd.
Mokkok'
Ternstroemia japonica (Thunb.) DC.

81 サカキ（サカキ科）
Cleyera japonica Thunb.
Sakaki, 一般に Tera-tsubaki

82 ツバキ（ツバキ科）
Camellia japonica L.
Tsubaki, Jabu tsubaki

83 サザンカ（ツバキ科）
Camellia sasanqua Thunb. ex Murray
Sasank'wa
Camellia sasanqua Thunb.

84 サンシチソウ（キク科）
Gynura japonica (L. f.) Juel
なし
Porophyllum japonicum (Thunb.) DC.

85 シャリンバイ（バラ科）
Raphiolepis umbellata (Thunb. ex Murray) Makin
Hama mokkok'
Raphiolepis japonica Sieb. et Zucc.

86 ハナイカダ（ハナイカダ科）
Helwingia japonica (Thunb. ex Murray) F. G. Diet
Hanaikada
Helwingia rusciflora Willd.

87 ハマビワ（クスノキ科）
Listea japonica (Thunb.) Juss.
Hama biwa
Tetranthera japonica (Thunb.) K. Spreng.

88 クスドイゲ（イイギリ科）
Xylosma congestum (Lour.) Merr.
Sunoki，または Kusudoige
Hisingera racemosa Sieb. et Zucc.

Murikari, Gabe
Viburnum tomentosum Thunb.

39 ヤマグルマ（ヤマグルマ科）
Trochodendron aralioides Sieb. et Zucc.
Jama Kuruma

40 ヤマグルマ（ヤマグルマ科）
同上

41 ノヒメユリ（ユリ科）
Lilium callosum Sieb. et Zucc.
Fime juri，または Joma juri

42 ザイフリボク（バラ科）
Amelanchier asiatica (Sieb. et Zucc.) Endl. ex Walp.
Zaifuri，Zaifuribok
Aronia asiatica Sieb. et Zucc.

43 ナツフジ（マメ科）
Millettia japonica (Sieb. et Zucc.) A. Gray
Ko-fudsi，または Saru-fudsi
Wisteria japonica Sieb. et Zucc.

44 フジ（マメ科）
Wisteria floribunda (Willd.) DC.
Fudsi（紫花品は Beni-fudsi，白花品は Siro-fudsi）
Wisteria sinensis DC.

45 ヤマフジ（マメ科）
Wisteria brachybotrys Sieb. et Zucc.
Jamma fudsi

46 ハクウンボク（エゴノキ科）
Styrax obassia Sieb. et Zucc.
Obassia (Oho-ba zisja), Hak un bok, Tu Zisja no ki

47 アサガラ（エゴノキ科）
Pterostyrax corymbosa Sieb. et Zucc.
和名の記載なし

48 ガンピ（ナデシコ科）
Lychnis coronata Thunb. ex Murray
Ganpi
Lychnis grandiflora Jacq.

49 センノウ（ナデシコ科）
Lychnis senno Sieb. et Zucc.
Senno

50 サンシュユ（ミズキ科）
Cornus officinalis Sieb. et Zucc.
和名の記載なし

51 ガクアジサイ（アジサイ科）
Hydrangea macrophylla (Thunb. ex Murray) Ser. f. *normalis* (E. H. Wils.) Hara
Azisai
Hydrangea azisai Sieb.

52 アジサイ（アジサイ科）
Hydrangea macrophylla (Thunb. ex Murray) Ser. f. *macrophylla*
Otaksa
Hydrangea otaksa Sieb. et Zucc.

53 ベニガク（アジサイ科）
Hydrangea serrata (Thunb. ex Murray) Ser. var. *serrata* f. *rosalba* (Van Houtte) E. H. Wils.
Gakuso（紅花品は Benikaku，青白花品は Konkaku）
Hydrangea japonica Sieb.

54 ツルアジサイ（アジサイ科）
Hydrangea petiolaris Sieb. et Zucc.
Jama demari

55 オオアジサイ（アジサイ科）
Hydrangea macrophylla (Thunb. ex Murray) Ser. f. *normalis* (E. H. Wils.) Hara
Oho-azisai
Hydrangea belzonii Sieb. et Zucc.

56 ヤマアジサイ（アジサイ科）
Hydrangea serrata (Thunb. ex Murray) Ser. var. *serrata*
和名の記載なし
Hydrangea acuminata Sieb. et Zucc.

57 ヤマアジサイ（アジサイ科）
I，IIとも同上

58 アマチャ（アジサイ科）
Hydrangea serrata (Thunb. ex Murray) Ser. var. *thunbergii* (Sieb.) H. Ohba
Ama-tsja
Hydrangea thunbergii Sieb.

59-I シチダンカ（アジサイ科）
Hydrangea serrata (Thunb. ex Murray) Ser. var. *serrata* f. *prolifera* (Regel) H. Ohba
Sitsidankw'a
Hydrangea stellata Sieb. et Zucc.

59-II ツルアジサイ（アジサイ科）
Hydrangea petiolaris Sieb. et Zucc.
Jabu-demari
Hydrangea cordifolia Sieb. et Zucc.

60 ガクウツギ（アジサイ科）
Hydrangea scandens (L. f.) Ser.
Jama-dôsin; Kana-utsuki
Hydrangea virens (Thunb.) Sieb.

61 ノリウツギ（アジサイ科）
Hydrangea paniculata Sieb.
Nori-noki

62 コアジサイ（アジサイ科）
Hydrangea hirta (Thunb. ex Murray) Sieb.
和名の記載なし

15-III ナガキンカン
Fortunella japonica (Thunb.) Swingle var. *margarita* (Lour.) Makino
Too-kin-kan
Citrus japonica Thunb. *β. fructu elliptico*

16 ヤマボウシ（ミズキ科）
Cornus kousa Buerg. ex Hance
Jama-boosi, または Tsukubani
Benthamia japonica Sieb. et Zucc.

17 サネカズラ（マツブサ科）
Kadsura japonica (L.) Dunal
Binan-Kadsura, Sane-Kadsura

18 キブシ（キブシ科）
Stachyurus praecox Sieb. et Zucc.
Mame-fusi
Stachyurus praecox Sieb. et Zucc.

19 トサミズキ（マンサク科）
Corylopsis spicata Sieb. et Zucc.
Awomomi, または Tosa-midsuki

20 ヒュウガミズキ（マンサク科）
Corylopsis pauciflora Sieb. et Zucc.
和名の記載なし

21 ゴシュユ（ミカン科）
Evodia ruticarpa (Juss.) Benth.
Kawa-hazikami, habite-kobura
Boymia rutaecarpa Juss.

22 ユスラウメ（バラ科）
Prunus tomentosa Thunb. ex Murray
Jusura-mume
Prunus tomentosa Thunb.

23 エゴノキ（エゴノキ科）
Styrax japonica Sieb. et Zucc.
Tsisjano-ki

24 クロキ（ハイノキ科）
Symplocos lucida Sieb. et Zucc.
Kuroki

25 ウド（ウコギ科）
Aralia cordata Thunb.
Udo
Aralia edulis Sieb. et Zucc.

26 イワガラミ（アジサイ科）
Schizophragma hydrangeoides Sieb. et Zucc.
Tsuru-demari

27 バイカアマチャ（アジサイ科）
Platycrater arguta Sieb. et Zucc.
Bai kwa ama tsja

28 ハマナシ（バラ科）
Rosa rugosa Thunb. ex Murray
Hamma nasi
Rosa rugosa Thunb.

29 タニウツギ（スイカズラ科）
Weigela hortensis (Sieb. et Zucc.) K. Koch f. *hortensis*
Beni saki utsugi
Diervilla hortensis Sieb. et Zucc. var. *rubra*

30 シロバナウツギ（スイカズラ科）
Weigela hortensis (Sieb. et Zucc.) K. Koch f. *albiflora* (Sieb. et Zucc.) Rehd.
Siro saki utsugi
Diervilla hortensis Sieb. et Zucc. var. *alba*

31 ハコネウツギ（スイカズラ科）
Weigela coraeensis Thunb.
Hakone utsugi
Diervilla grandiflora Sieb. et Zucc.

32 ヤブウツギ（スイカズラ科）
Weigela floribunda (Sieb. et Zucc.) K. Koch
Mumesaki utsugi
Diervilla floribunda Sieb. et Zucc.

33-I ツクシヤブウツギ（スイカズラ科）
Weigela japonica Thunb.
Tani utsugi
Diervilla japonica (Thunb.) DC.

33-II タニウツギ（スイカズラ科）
Weigela hortensis (Sieb. et Zucc.) K. Koch f. *hortensis*
Diervilla japonica (Thunb.) DC.

34-I コツクバネウツギ（スイカズラ科）
Abelia serrata Sieb. et Zucc.
Kotsukubane, または Tsukubane utsugi

34-II ツクバネウツギ（スイカズラ科）
Abelia spathulata Sieb. et Zucc.

35 ツワブキ（キク科）
Farfugium japonicum (L. f.) Kitam. f. *japonicum*
Tsuwa buki
Ligularia kaempferi Sieb. et Zucc.

36 オオツワブキ（キク科）
Farfugium japonicum (L. f.) Kitam. f. *giganteum* (Sieb. et Zucc.) Kitam.
Oho Tsuwa buki, Ohonoha Tsuwa buki
Ligularia gigantea Sieb. et Zucc.

37 オオデマリ（スイカズラ科）
Viburnum plicatum Thunb. ex Murray f. *plicatum*
Satsuma Temari
Viburnum plicatum Thunb.

38 ヤブデマリ（スイカズラ科）
Viburnum plicatum Thunb. ex Murray f. *tomentosum* (Thunb. ex Murray) Rehd.

『日本植物誌』に描かれた植物の目録　大場秀章

記載内容

図版番号　和名（科名） 学名（正名） 『日本植物誌』記載の和名 『日本植物誌』記載の学名（上記正名と異なる場合のみ掲げた）

＊図版番号124の直後に掲げたセンニンスギとヤワラスギは原書の植物解説にのみ項目として現われ、該当する図版を欠いているが、参考のため本目録に収録しておいた。

1　シキミ（マツブサ科）
Illicium anisatum L.
Skimi
Illicium religiosum Sieb. et Zucc.

2　シイ（ブナ科）
Castanopsis sieboldii (Makino) Hatusima ex Yamazaki et Mashiba
Sji noki
Quercus cuspidata Thunb.

3　レンギョウ（モクセイ科）
Forsythia suspensa (Thunb.) Vahl
Ⅰ，ⅡはItatsi-Gusa，Ⅲ，ⅣはKitatsi-Gusa

4　オキナグサ（キンポウゲ科）
Pulsatilla cernua (Thunb. ex Murray) K. Spreng.
Sjaguma-Saiko, Kawara-Saiko, Wokina-Gusa
Anemone cernua Thunb. ex Murray

5　シュウメイギク，またはキブネギク（キンポウゲ科）
Anemone hupehensis Lemoine var. *japonica* (Thunb. ex Murray) Bowl. et Stearn
Kifune-Gik'
Anemone japonica Thunb.

6　ウツギ（アジサイ科）
Deutzia crenata Sieb. et Zucc.
和名の記載なし

7　マルバウツギ（アジサイ科）
Deutzia scabra Thunb.
Utsugi，Unohana

8　ヒメウツギ（アジサイ科）
Deutzia gracilis Sieb. et Zucc.
和名の記載なし

9　ツクシシャクナゲ（ツツジ科）
Rhododendron degronianum Carr. ssp. *heptamerum* (Maxim.) Hara
Sjakunange
Rhododendron metternichii Sieb. et Zucc.

10　キリ（キリ科）
Paulownia tomentosa (Thunb. ex Murray) Steud.
Kirrì
Paulownia imperialis Sieb. et Zucc.

11　ウメ（バラ科）
Prunus mume Sieb. et Zucc.
Mume

12　カノコユリ（ユリ科）
Lilium speciosum Thunb. f. *speciosum*
Kanoko-juri
Lilium speciosum Thunb. *α. Kaempferi* Sieb. et Zucc.

13-Ⅰ　シロカノコユリ（ユリ科）
Lilium speciosum Thunb. f. *vestale* M. T. Mast.
Tametomo-juri
Lilium speciosum Thunb. *β. tametomo* Sieb. et Zucc.

13-Ⅱ　ウバユリ（ユリ科）
Cardiocrinum cordatum (Thunb. ex Murray) Makino
Gawa-juri, Ubajuri
Lilium cordifolium Thunb.

14　ウバユリ（ユリ科）
同上

15　マルキンカン［広義］（ミカン科）
Fortunella japonica (Thunb.) Swingle
Citrus japonica Thunb.

15-Ⅰ；15-Ⅱ　マルキンカン
Fortunella japonica (Thunb.) Swingle var. *japonica*
Kin-kan，またはKin-kits
Citrus japonica Thunb. *α. fructu globoso*

和名索引

＊（　）内は図版番号を示す。なお 151 ～ 158 頁の「目録」も合わせて参照されたい。

解説者略歴

木村陽二郎（きむら　ようじろう）

1912年山口市生まれ。1936年東京帝国大学理学部植物学科を卒業。東京大学教授、中央大学教授などを歴任し、1973年東京大学名誉教授。2006年没。
著者：『日本自然誌の成立』（中央公論社）、『ナチュラリストの系譜』（中公新書）、『江戸期のナチュラリスト』（朝日選書）、『生物学史論集』（八坂書房）ほか。

大場秀章（おおば　ひであき）

1943年東京生まれ。東京大学名誉教授。専門は植物分類学、植物文化史。理学博士。
著書：『江戸の植物学』（東京大学出版会）、『バラの誕生』（中公新書）、『花の男シーボルト』（文春新書）、『植物学と植物画』、『大場秀章著作選集』全2巻（共に八坂書房）ほか多数。

★本書は博物図譜ライブラリー6『日本植物誌—シーボルト「フローラ・ヤポニカ」—』（八坂書房、1992年）として刊行され、2000年に『シーボルト「フローラ・ヤポニカ」日本植物誌』として単行本化されたものを縮刷した新版である。

★今回の新版刊行に当たり、モノクロ部分の図版をカラーに差し替え、『フローラ・ヤポニカ』の全図をカラーで掲載した。また、科名はAPG分類体系に拠って変更した。

シーボルト『フローラ・ヤポニカ』**日本植物誌**　**【新版】**

1992年 8月30日　初版第1刷発行
2023年 9月25日　新版第1刷発行

解説者　木村陽二郎
　　　　大場秀章
発行者　八坂立人
印刷・製本　中央精版印刷(株)

発行所　(株)八坂書房
〒101-0064 東京都千代田区神田猿楽町 1-4-11
TEL.03-3293-7975　FAX.03-3293-7977
URL: http://www.yasakashobo.co.jp

ISBN 978-4-89694-347-4